服装中职教育"十二五"部委级规划教材

服装概论

丛书主编　陈桂林

本书主编　孙鑫磊

副　主　编　陈桂林　张艳华　郭东梅

中国纺织出版社

内 容 提 要

　　服装概论是一门服装专业基础课,涵盖服装领域的各项知识和概念。本书主要内容包括:服装的起源及演变、服装的意义与目的、服装的功能及分类、服装产业链概述、服装行业人才需具备的素质、服装的展示、服装流行与流行趋势等。为了方便广大读者学习与理解,本书还包含有丰富的实例分析和介绍。

　　本书总结作者多年教学经验和实践经验而成,内容既包括服装专业基础知识的讲解,又包含服装行业技术及人才素质的要求,可作为中职院校服装专业教材使用。

图书在版编目(CIP)数据

服装概论/孙鑫磊主编. —北京:中国纺织出版社,2013.10
服装中职教育"十二五"部委级规划教材
ISBN 978 - 7 - 5180 - 0019 - 7

Ⅰ.①服…　Ⅱ.①孙…　Ⅲ.①服装学—中等专业学校—教材　Ⅳ.①TS941.1

中国版本图书馆 CIP 数据核字(2013)第 217802 号

责任编辑:华长印　　责任校对:梁　颖
责任设计:何　建　　责任印制:何　艳

中国纺织出版社出版发行
地址:北京市朝阳区百子湾东里 A407 号楼　邮政编码:100124
邮购电话:010—67004461　传真:010—87155801
http://www.c-textilep.com
E-mail:faxing@ c-textilep.com
北京通天印刷有限责任公司印刷　　各地新华书店经销
2013 年 10 月第 1 版第 1 次印刷
开本:787×1094　1/16　印张:8.75
字数:152 千字　定价:29.80 元

凡购本书,如有缺页、倒页、脱页,由本社图书营销中心调换

服装中职教育"十二五"部委级规划教材

一、主审专家（排名不分先后）

清华大学美术学院　肖文陵教授

东华大学服装与艺术设计学院　李俊教授

武汉纺织大学服装学院　熊兆飞教授

湖南师范大学工程与设计学院　欧阳心力教授

广西科技职业学院　陈桂林教授

吉林工程技术师范学院服装工程学院　韩静教授

中国十佳服装设计师、中国服装设计师协会副主席　刘洋先生

二、编写委员会

主　任：陈桂林

副主任：冀艳波　张龙琳

委　员：（按姓氏拼音字母顺序排列）

暴　巍	陈凌云	胡　茗	胡晓东	黄珍珍	吕　钊
李兵兵	雷中民	毛艺坛	梅小琛	屈一斌	任丽红
孙鑫磊	王威仪	王　宏	肖　红	余　朋	易记平
张　耘	张艳华	张春娥	张　雷	张　琼	周桂芹

出版者的话

《国家中长期教育改革和发展规划纲要》（简称《纲要》）中提出"要大力发展职业教育"。职业教育要"把提高质量作为重点。以服务为宗旨，以就业为导向，推进教育教学改革。实行工学结合、校企合作、顶岗实习的人才培养模式"。为全面贯彻落实《纲要》，中国纺织服装教育学会协同中国纺织出版社，认真组织制订"十二五"部委级教材规划，组织专家对各院校上报的"十二五"规划教材选题进行认真评选，力求使教材出版与教学改革和课程建设发展相适应，并对项目式教学模式的配套教材进行了探索，充分体现职业技能培养的特点。在教材的编写上重视实践和实训环节内容，使教材内容具有以下三个特点：

（1）围绕一个核心——育人目标。根据教育规律和课程设置特点，从培养学生学习兴趣和提高职业技能入手，教材内容围绕生产实际和教学需要展开，形式上力求突出重点，强调实践。附有课程设置指导，并于章首介绍本章知识点、重点、难点及专业技能，章后附形式多样的思考题等，提高教材的可读性，增加学生学习兴趣和自学能力。

（2）突出一个环节——实践环节。教材出版突出中职教育和应用性学科的特点，注重理论与生产实践的结合，有针对性地设置教材内容，增加实践、实验内容，并通过多媒体等形式，直观反映生产实践的最新成果。

（3）实现一个立体——开发立体化教材体系。充分利用现代教育技术手段，构建数字教育资源平台，部分教材开发了教学课件、音像制品、素材库、试题库等多种立体化的配套教材，以直观的形式和丰富的表达充分展现教学内容。

教材出版是教育发展中的重要组成部分，为出版高质量的教材，出版社严格甄选作者，组织专家评审，并对出版全过程进行跟踪，及时了解教材编写进度、编写质量，力求做到作者权威、编辑专业、审读严格、精品出版。我们愿与院校一起，共同探讨、完善教材出版，不断推出精品教材，以适应我国职业教育的发展要求。

中国纺织出版社
教材出版中心

序

为深入贯彻《国务院关于加大发展职业教育的决定》和《国家中长期教育改革和发展规划纲要（2010-2020年）》，落实教育部《关于进一步深化中等职业教育教学改革的若干意见》、《中等职业教育改革创新行动计划（2010-2012年）》等文件精神，推动中等职业学校服装专业教材建设，在中国纺织服装教育学会的大力支持下，中国纺织出版社联袂北京轻纺联盟教育科技中心共同组织全国知名服装院校教师、企业知名技术专家、国家职业鉴定考评员等联合组织编写服装中职教育"十二五"部委级规划教材。

一、本套教材的开发背景

从2006年《国务院关于大力发展职业教育的决定》将"工学结合"作为职业教育人才培养模式改革的重要切入点，到2010年《国家中长期教育改革和发展规划纲要2010-2020年》把实行"工学结合、校企合作、顶岗实习"的培养模式部署为提高职业教育质量的重点，经过四年的职业教育改革与实践，各地职业学校对职业教育人才培养模式中的宏观和中观层面的要求基本达成共识，办学理念得到了广泛认可。当前职业教育教学改革应着力于微观层面的改革，以课程改革为核心，实现实习实训、师资队伍、教学模式的改革，探索工学结合的职业教育特色，培养高素质技能型人才。

同时，由于中国服装产业经历了三十多年的飞速发展，产业结构、经营模式、管理方式、技术工艺等方面都产生了巨大的变革，所以传统的服装教材已经无法满足现代服装教育的需求，服装中职教育迫切需要一套适合自身模式的教材。

二、当前服装中职教材存在的问题

1.服装专业现用教材多数内容比较陈旧，缺乏知识的更新。甚至部分教材还是七八十年代出版的。服装产业属于时尚产业，每年都有不同的流行趋势。再加上近几年服装产业飞速地发展，设备技术不断地更新，一成不变的专业教材，已经不能满足现行教学的需要。

2.教材理论偏多，指导学生进行生产操作的内容太少，实训实验课与实际生产脱节，导致整体实用性不强，使学生产生"学了也白学"的想法。

3.专业课之间内容脱节现象严重，缺乏实用性及可操作性。服装设计、服装制板、服装工艺教材之间的知识点没有得到紧密的关联，款式设计与版型工艺之间没有充分地结合和对应，并且款式陈旧，跟不上时尚的步伐，所以学生对制图和工艺知识缺乏足够的认识及了解，设计的款式只能单纯停留在设计稿。

三、本套教材特点

1.体现了新的课程理念

本书以"工作过程"为导向，以职业行动领域为依据确定专业技能定位，并通过以实际案例操作为主要特征的学习情境使其具体化。"行动领域→学习领域→学习情境"构成了该书的内容体系。

2.坚持了"工学结合"的教学原则

本套教材以与企业接轨为突破口，以专业知识为核心内容，争取在避免知识点重复的基础上做到精练实用。同时理论联系实际、深入浅出，并以大量的实例进行解析。力求取之于工，用之于学。

3.教材内容简明实用

全套教材大胆精简理论推导，果断摒弃过时、陈旧的内容，及时反映新知识、新技术、新工艺和新方法。教材内容安排均以能够与职业岗位能力培养结合为前提。力求通过全套教材的编写，努力为中职教育教学改革服务，为社会培养急需的优秀初级技术型应用人才服务。同时考虑到减轻学生学习负担，除个别教材外，多数教材都控制在20万字左右，内容精练、实用。

本套教材的编写队伍主要以服装院校长期从事一线教学且具有高级讲师职称的老师为主，并根据专业特点，吸收了一些双师型教师、知名企业技术专家、国家职业鉴定考评员来共同参加编写，以保证教材的实用性和针对性。

希望本套服装中职教材的出版，能为更好地深化服装院校教育教学改革提供帮助和参考。对于推动服装教育紧跟产业发展步伐和企业用人需求，创新人才培养模式，提高人才培养质量也具有积极的意义。

国家职业分类大典修订专家委员会纺织服装专家

广西科技职业学院副院长

北京轻纺联盟教育科技中心主任

2013年6月

前　言

改革开放以来，我国服装产业发展迅速，现已成为世界最大的服装加工生产国和出口国，这样的新形势对我们培养服装专业人才提出了新的要求。而教材的专业水准决定了教育教学质量的高低，是我们发展教育的基础条件。近年来，全国各服装院校积极探索教育教学改革特点，提出许多新方法和新观念，从一定程度上提高了专业教学水平和人才培养的技术水平，保证了人才的适用性。由此，我们汇集全国各地服装院校教学的成果和经验，组织相关服装院校有经验的专业教师共同编写这本实用型服装教材。全书结构安排如下：

第一章介绍了服装的起源及演变、服装的目的与意义。

第二章介绍了服装的基本概念、服装的功能和分类。

第三章简要介绍了服装产品开发，并且重点介绍了服装生产的全过程，包括前期准备、生产流程、包装与储运等工序步骤。

第四章介绍服装行业人才即服装设计类人才、工厂技术类人才、销售业务类人才以及经营管理类人才所需具备的素质。

第五章介绍服装展示，包括服装静态展示和服装动态展示，并为广大读者提供了多幅服装展示的图片欣赏，便于理解体会。

第六章介绍了服装流行与流行趋势，以及著名服装设计师不同的设计风格，为读者提供一些参考和设计灵感来源。

参与本书编写的有重庆师范大学孙鑫磊、郭东梅、王力等老师，广西科技职业学院陈桂林教授，辽源市第一职业中专张艳华和孙晓梅老师，长春市第一中等专业学校周桂芹老师以及陕西工业职业技术学院徐明亮老师。全书由孙鑫磊老师统稿。

本教材既注重理论知识点的系统性与科学性，又强调实践的应用性和操作性。希望本教材的出版能够丰富服装专业的教学内容，在我国服装专业教材建设中起到推动作用。

编者

2013年1月

教学内容及课时安排

章/课时	课程性质/课时	节	课程内容
第一章 （9课时）	基础与理论 （15课时）		• 绪论
		一	服装的起源和形成
		二	服装的演变
		三	中西方服装发展历史
		四	服装的目的和意义
第二章 （6课时）			• 服装的功能和分类
		一	服装的基本概念
		二	服装的功能
		三	服装的分类
第三章 （9课时）	技术与应用 （17课时）		• 服装产业链概述
		一	服装产品开发
		二	服装生产过程
		三	服装销售过程
第四章 （8课时）			• 服装行业从业人员岗位职业技能与素质
		一	服装设计类从业人员岗位职业技能与素质
		二	工厂技术类从业人员岗位职业技能与素质
		三	销售业务类从业人员岗位职业技能与素质
		四	经营管理类从业人员岗位职业技能与素质
第五章 （6课时）	专业知识与 训练 （12课时）		• 服装展示
		一	服装静态展示
		二	服装动态展示
		三	服装表演
第六章 （6课时）			• 服装流行与流行趋势
		一	服装的流行
		二	服装的流行趋势
		三	服装设计风格及著名服装设计师风格

注　各院校可根据自身的教学特色和教学计划对课程时数进行调整。

基础与理论

第一章
绪论

课程名称：绪论

课题内容：服装的起源和形成

服装的演变

中西方服装发展历史

服装的目的和意义

课题时间：9 课时

训练目的：让学生了解服装的起源、演变和发展，对服装发展史有一定的了解，旨在对今后的服装设计实践起到很好的指导作用，同时让学生熟知服装的目的和意义。

教学方式：由教师讲述，并结合多媒体演示来证实服装发展的客观性，以便对以后学习提供理论依据，进一步明确服装的目的和意义。

教学要求：1. 让学生掌握服装的起源。

2. 让学生理解并掌握服装的作用和意义。

3. 让学生通过动手实践，理解服装发展的演变过程。

4. 教师对学生的练习进行讲评。

作业布置：要求学生掌握服装的目的和意义。

不同的历史时期有不同的人类历史背景，人类服装的起源、发展和演变与人类社会的发展是同步进行的。要了解我国乃至世界服装的发展演变规律，必须从服装的起源入手，通过了解世界各地各个时期所涌现出来的服装文化，正视中国和外国在服装发展史上的异同，寻找和借鉴外国服装发展的精髓，对促进中西服装文化的交流和从根本上提高我国服装行业的素质，起到积极的促进作用。

在研究服装发展史时，我们不能把求知的水平仅停留在追溯年代的顺序及时代的服装穿着上，而是要对每个历史时期的服装进行深入的研究，分析每个时代、每个地区所产生的服装样式特点，从中寻出服装演变的原因和规律、交流和影响，通过我国和外国相近服装款式的对比，加上对当时当地的各种环境、各种因素渗透的分析，从而认识时代变迁中的大演变，以加深对今天流行的衡量与理解，同时能够预测未来服装的发展趋势。

在发展本民族服装优势的前提下，了解和借鉴外国的服装史，对于研究我国服装的演变及促进中西服装交流，起到积极作用，同时借鉴和汲取精华来为我所用，提高和加强我国服装在国际服装市场中的影响力。这些都是我们要学习服装演变史的理由和目的所在。

第一节　服装的起源和形成

一、服装的起源

服装是人类衣食住行实用生活的必需品之一，始于原始的实用效益，正因为它的实用才沿用至今，经过包裹、伪饰的历史阶段，朝着更高层次的需求演变。

关于服装的起源，似乎无法用一个定论去解释，由于研究者的立场和出发点不同，所得出的结论也各不相同。尽管能举出许多实例，可其结论并不是唯一的。从不同的角度去理解和看待这个问题，使服装起源学说产生了多种理论，代表性的服装起源学说有遮羞说、装饰说和保护说。

（一）遮羞说

遮羞说指服装起源于人类的道德感和性羞耻。我国古代礼制对裸体进行了约束，由于两性生理不同而产生的羞耻感造成了人类的遮羞心理。在现代文明社会中，这种学说对服装起源的解释似乎很容易被人们接受，但是现代人不可能从原始人的经验出发去考虑，来自考古学、社会心理学等的研究也都证明了遮羞说作为服装起源的理由是不准确的。而且对于人类应该遮掩哪个部位，不同文化背景和种族有不同的看法。因此，可以说羞耻感不是服装产生的原因，而是服装产生后的一种结果。与其说羞耻产生服装，还不如说服装产生了羞耻。羞耻产生在服装之后，有了服装人类才知道羞耻。现在有些社会心理学家认为：服装乃是为了夸耀羞耻的部分而产生的。

服装羞耻心理和民族风尚很有关系，现在有些非洲的土著民族，并没有把赤身裸体作为羞耻。有些民族的女性认为，赤脚裸露在他人面前为最大耻辱。所以，羞耻是在文明产生后，根据民族地区习惯和环境的不同而定的。一般现代女性穿着内衣裤被人看见为羞耻，而在海滨、游泳池，穿着的泳衣比内衣还暴露，仍视为正常现象。

（二）装饰说

这类学说认为，服装的起源来自于人类想使自己更富有魅力，想创造性地表现自己的心理冲动。这其中包括护符说、象征说、审美说。

1. 护符说

原始生产力在伟大的自然面前显得非常渺小，以至于人们总想借助于神奇的精神力量来对付自然，并把精神分离于肉体而独立存在，称之为灵魂。原始人寄希望于灵魂，他们认为灵魂有善恶之分，善灵可以给人类带来幸福和欢乐，恶灵则给人类带来灾害和疾病。因此，他们用绳子把一些特定物体，如贝壳、石头、羽毛、兽齿、叶子、果实等自然界的东西戴于身上，以示保佑和辟邪。他们相信这些带在身上的护身符，具有无形的超自然的力量，有了它人就能得到保护。在这种自然崇拜和图腾信仰中，这些护身符逐渐演化成为某种形式的饰品装饰于人体之上。

2. 象征说

这种学说认为，最初佩挂在人身上的物体是作为某种象征而出现的，到后来就演变为衣物和装饰品。原始部落中，强者、勇士、酋长等为了象征自己的力量和权威，把一些鲜艳醒目、便于识别的物体装饰在身上。平原印第安诸部族中软皮靴跟上拖一条狼尾，颈后插一根鸟羽，不仅是为了好看，重要的是表示此人立过战功。原始诸部落的文身、疤痕等装饰方法都有表示年龄和社会地位的作用。

3. 审美说

服装起源说中的审美说是一种比较普遍的说法，这种说法认为，服装起源于美化自我的愿望，是人类追求美的情感的表现。科学家们通过实验表明：人类及一些比较高等的动物，都有一种本能范畴的、对明显的美的事物的良好感觉。诸如对优美旋律、鲜艳色彩、芳香气味的好感，并对其采取不自觉的接受状态。但是只有大脑发达的人类，才能把这种潜在的对美的事物的好感上升到自觉的审美意识。在漫长的进化过程中，随着人类智慧和能力的进步，审美能力也逐渐提高。原始人类用美丽的羽毛、闪光的贝壳来装饰自己，彩色文身、刺青、疤痕、毁伤肢体、人体变形等装饰方法都是出于这种审美的需要。这种装饰方法不仅有许多可信的事实依据，而且极为优美，恰合人意。

（三）保护说

这种学说是从生理的角度出发，认为人类的服装是面对外界环境对自身采取的一种保护措施。这种观点认为服装的起源其根本原因是出于实用。所以保护说认为，服装的起源是人类为了适应自然环境或为了使身体不受到伤害，而从长年累月的裸体生活之后进化到用自然的或人工的物体来遮盖和包裹身体。保护身体既是服装起源的目的，又是服装起源的起因。自然界中存在着危害人类生存的因素，为了避免被外界其他物体所伤害，人类想办法把躯干、四肢、脚等包裹起来，起初是用树叶、树皮、兽皮、羽毛等，这是服装的雏形，后来渐渐用布代替，这就产生了衣物。

关于服装起源的各种学说，似乎都有各自的依据，而且在推理上也有其合理性。但综合起来这些起源学说可以归纳为两方面：自然本能的人体保护观念和社会心理的装饰观念。

二、服装的形成

在漫长的历史岁月里，人们大多数是通过狩猎兽皮或者采摘植物的叶子和藤蔓等来遮身、保暖御寒。这主要是为了抵御自然界环境、气候的影响和为抵御野兽的骚扰，这就属于保护说。服装除了御寒的功能外，还有一种力的象征，例如用兽皮御寒就是体现了这种观念，在狩猎中夸耀自己的勇敢或者奖赏在狩猎中的英雄，就戴上了用兽骨或牙齿串成的项链来表达这种寓意，这就体现出象征说。有的甚至文身、割裂、穿鼻、裹足等不惜忍痛在肉体上留下特定的疤痕，这一切都是出于美化自己的动机。

由于人类经常受到猛兽的骚扰和部落种族之间的争斗，为了摆脱这种不安的心理处境，人们就寻觅某种超自然的力量来充实自己。氏族人民把自然界的一切都看成是有神灵的，从天上的日月星辰，空中的风云雷电，到地上的生物和非生物，还包括人类自己和所造的器物，都相信有神灵存在。为了生存与发展，每一个部落和氏族会把某种物作为自己的部落或氏族的保护神，也作为自己的象征，大家供奉和崇拜它，把神灵视为自己的祖先，作为精神的寄托，这就叫图腾崇拜。图腾中除绘有自然界的形象外，大部分绘的都是蛇、虎、狼、鹰等凶猛动物和禽类。

当一个部落或氏族兼并掉另一个部落或氏族时，就把被兼并氏族中最厉害的部分也吸收到自己的部落或氏族的图腾上，这样形成的图像，就成为一种虚拟的综合性生物了。图腾崇拜反映了人们与大自然斗争的软弱无力，是祖先崇拜与自然崇拜相结合的产物。它是一种原始的宗教信仰，在当时起着团结成员和维系氏族的积极作用。如古埃及是一个多神崇拜的国家，图腾崇拜和自然崇拜甚为流行。特殊的自然环境决定着服装的款式，一定的款式又需要符合特定的功利目的，如捕鱼、狩猎和战争等。出于人的险恶环境中生存之需求，服装是人类对抗自然和适应自然的产物。

居住在极地严寒气候的爱斯基摩人的海豹皮防水靴和蒙古人、西藏人厚重的皮靴，都是为了防止荆棘和动物的侵害、寒冷的袭击。而在热带草原和干燥的沙漠，人们为了对抗烈日和风沙的灼烤，经常穿着长头巾、大披肩、长袍和宽大裤子。这类款式既防晒、防尘，还有抗强热、散热快、清凉宽敞的功能。

人们很早就从对抗中寻找适宜的着装，在险恶的自然环境中生息、繁衍，因此，服装才得以流传，并在漫长的历史演变中不断丰富和完美起来。

服装始于原始社会的实用效益，实用就是第一大功能。服装的实用目的，决定着款式的面貌，更决定着款式的存亡，其次才是观念。战争，曾在世界各个角落都掀起过，盔和甲则是理想的保护服装。这种服装不仅在欧洲，同时还在近中东和我国古代都大量采用过，金属盔甲的美在于战争中能抵御攻击、保护自己。而火器的问世，暴露盔甲沉重僵硬的缺点，从而逐步消亡。

人类穿衣在务实的前提下，更重要的是为了满足其精神需要，为了保持礼节与显示尊重，显示身份地位，不惜紧箍腰肢，甚至以摧残肉体的形式为美（如文身、割裂等），这不仅包含着美的愿望，其中更是对身份、地位、权势的崇尚，是人的社会属性的外化。

原始的自然环境，贫瘠的物质条件，服装的功能只能是遮体御寒、防侵袭。而现在社会，服装对于人体的保护和防御作用已经退主居次。服装既然是商品，那么，服装生产的最终目的是服装消费，伴随着消费者购买能力的不断提高，功能也随着分工的发展，步向了多样化的领域，运动服、旅游服、沙滩服、泳装、工作服、演出服、军服、礼服等特殊功能的服装设计层出不穷。各种需求带来了不同的着装方法，但其最基本的要素（不是永久性的因素）仍属保护。

前面的种种事实，都足以说明服装的实用性是为身体御寒、为劳动、为运动、为休息、为卫生、为礼节等用途上的功能需要而制作的。

近年来，一些文化人类学家和社会学家普遍认为，服装的起源和产生有保护身体和传达感情的目的，都是以装扮的形式体现出来。通过有意识的装扮来传达感情。社会的不断发展，每个服装消费者都想使服装对自身的外貌、气质等起到扬长避短的作用。而且随着审美能力的逐步提高，以及注重尊严等诸多因素的影响，使人们的穿着向个性化的方向发展。从而也反映出服装的主要四大功能：一是保护身体，二是美化装饰，三是遮盖，四是标志。只有保护身体是生理需要，其余均属于心理需要。所以，服装的产生与功能的体现几乎是同步的，随时间的演进，逐步由生理需要而转变为心理需要。

第二节　服装的演变

一、服装演变的特征

（一）服装演变的历史特征

1. 远古时期和野蛮时期

人类服装的变革是随着生产方式的变革而出现的，由低级到高级逐渐演变的。当人们处在远古时期和野蛮时期，抵御饥饿和寒冷的威胁，服装只不过是一种简陋的遮体物罢了，服装材料也只能是大自然恩赐的树叶、兽皮之类。

2. 新兴的耕作期

当牧野和农业开始分离，出现了以家庭为单位的新兴的耕作以后，人类群体生活开始瓦解。随着农业和手工业的分离，大大加速了社会发展的进程，由于天然纤维的应用，促进了纺织业的发展，给服装带来了新的变化。

3. 产业革命前期

在安宁、悠闲的田园式生活中，由于妇女在家中劳动及活动的范围较小，所以当时的服装款式偏长，而由于手工制作业的发展，促使人们开始追求服装的形式美，特别是在产业革命之前这段时间里，在上层社会中，服装都倾向于华丽、轻盈、精致、小巧，并出现了大量与功能毫无关系的纯形式的装束，由于她们的社会地位、生活环境的优越，促使她们在服装、器皿、家具陈设等方面追求豪华，以此炫耀自己的财富和地位。服装款式和装束出现了过分的装饰，以复杂为美，以多为荣，在服装上尽其雕龙绣凤之能事。这是产业革命前夕，人们对事物审美的倾向。

4. 产业革命后到近代

服装和人们的生活密切结合，打破陈旧的俗套是这一时期的总趋势。服装出现斜裁，淘汰繁琐累赘的款式，而逐渐向表达女性的自然曲线靠拢，女装（逐渐减少刺绣、花边、褶裥、穗带等奢侈的装饰）开始变得更加合体、简练。第二次世界大战后，欧美服装艺术有了很大的发展和提高，参加工作的妇女逐渐增多，她们有足够的金钱来购买时髦的现成服装，于是，服装表现在社会地位的差别逐渐减少，特别是在式样上，而渐渐转移表现在面料的质量、缝纫的技术以及价格的高低上。

1851年，缝纫机的出现如同电报在商业、金融业所起的巨大作用，或是如同蒸汽发动机在旅行上所起的巨大作用一样，是一个伟大的革命。缝纫机大大加速了服装缝纫、服装设计的发展。不断涌现出如雨后春笋般的服装工厂，取代了家庭的手工缝纫技艺，生产着各种新颖的服装。

（二）服装演变的文化特征

服装是人类发展的一面镜子。它反映了各个时期的政治、经济、文化、生活习俗、宗教以及思想和道德等。同时，服装又是人们的情感对时代的凝结，郭沫若先生曾说过"衣裳是文化的特征……"这一至理名言。服装是人类独有的文化特征，它随着人类文明的进步和发展，随着物质文化生活的不断提高，相应地使人们的审美情趣和文化观随时代的变迁而不断地改变，每一个时代都有自己对美的鉴赏力。它受到该时代全部进程和文化水平的制约，因而形成了各个时代特有的特征和节奏。如古希腊和古罗马时期宽松、富有青春活力的服装，法国18世纪宫廷华丽的服装，都是由当时社会环境所决定的。

归根结底，时代是严肃的，它淘汰了中世纪的紧身骑士服装和18世纪法国母鸡笼式的庞大女裙以及高耸的假发。一切符合当代人们生活、思想传统的服装，现在仍然被继承下来，例如，古罗马的束腰上衣、凉鞋；中世纪的主教袖和刺绣装饰；18世纪法国的蓬松袖、羊腿袖、荷叶边女裙，它们是实用和美丽的统一。

我们应该了解到，反动统治、落后经济和腐朽文化会阻碍服装文化的健康发展，引起倒逆的现象。我国的魏晋南北朝至盛唐，是由战乱到和平，由割据到统一，而政治趋于开朗，经济文化空前强盛的历史时期。因此，唐朝长安"尊卑贵贱，竞相仿效"，当时颇受欢迎的有窄袖胡服，而且"宦官士庶，相习成风"。中唐至五代时期，朝风日趋腐败，到宋朝时期更加厉害，奢靡成风，结果宽衣阔袖、肥裤长裙服装之风复起，而"胡服"则成了劳动者的专用服，出现了"短衣汉子"服装阶层。这种现象在整个服装的发展历史中只是一个暂时的存在，代表不了服装历史的主流。

到了现代，服装的时代感更制约于人们的审美观念和意识，例如，人们长期生活受抑在城市喧闹狭小的空间里，迫于生活而无法摆脱现代化的强节奏，于是"未来主义"、"超现代派"、"抽象派"等文艺思潮应运而生。相继出现了表现"风尘仆仆，历尽艰辛"的"乞丐装系列"和表现大自然、原始社会生活的"仿生服"以及用抽象绘画来装饰分割服装，从而表达"梦幻"、"虚无恍惚"的情感。

所以，人类对服装的追求，在艺术风格上越来越优雅，在功能上越来越实用，在品种上越来越多样，在数量上越来越庞大，服装产业已成为世界上瞩目的工业之一。巴黎是世界女装的流行中心，意大利是世界男装的流行中心，迅速崛起的日本时装也已经加入了世界流行中心的行列。

至近代，服装业发达的国家涌现出了一批批优秀的服装设计师，为人类服装文明的发展做出了卓越的贡献。

二、服装演变的影响因素

气候和自然环境以及人类的自身心理、生理要求的变化，是服装变迁的几个重要因素。前者受外部条件的制约，后者则为内部主观意念的需求，两者相互作用、相互影响。由于作用程度的不同，则产生不同的服装样式演变。从本质来说，人类的内部变化作用往往要比外界影响大得多。引起服装变化的原因，主要有以下九个方面：

1. 气候风土的影响

由于世界各地气候的不同和变化，经过历史的演变，形成了与各地域气候变化相适应的生活习俗及服装。

2. 文化传播和交流的影响

世界各民族文化的传播和交流，也是服装变迁的重要原因之一。文化是服装发展的基础，而服装又是当时文化的标志之一。在文化的交流传播中，产生了新旧事物的矛盾冲突、新文化在斗争中得到不断革新的发展，逐渐成为该时代占有主导地位的文化潮流而得到了保存和流传。这样的新旧交替和不断循环变化则形成了文化发展的历史。服装史也是按照这一规律发展而来的。

3. 文艺和宗教兴衰的影响

文艺及宗教既反映了人们的思想和情操，也给服装和服装的穿着形式带来了极大的影响。例如，由于基督教的发展，东罗马服装的外轮廓形成了以肩线为中心、上下分开的十字架形式，与以前的罗马服装相比完全变成了另一种形式。

4. 战争与和平的影响

战争对文化的发展带来很大的影响，也直接使服装产生了变化。从战争本身来说，它具有残酷和破坏性的一面，打乱了人们正常的生活和环境。但从客观上说，在一定社会条件下，战争会促进文化的交流，由此而给交战双方地区的文化注入了新的血液，尽管如此我们还是反对战争。如公元4世纪，由于亚历山大远征，使希腊、罗马的文化与印度、西域的文化得到了交流。

13世纪中叶，蒙古高原的成吉思汗西征，唤醒了沉睡的中世纪欧洲，改变了那里的战术和服装。另外，战争给人们的穿着也带来很大的影响，和平时期的那些极其奢侈豪华装束，随着战争的硝烟被淘汰，但服装的实用性，则由于战争而被重视。第一次世界大战后的服装变化，就能充分说明这一点。1914～1918年，战争带来了死亡和家庭的悲伤，妻子失去了丈夫，儿子又血溅沙场离开了父母，在这种悲哀、惆怅和紧张的战争环境中，她们不需要时髦的服装，而是要求服装必须穿着方便，适合于敏捷的行动。于是，拖拽在地的女裙开始缩短，在踝部以上几厘米，而且较宽松，外衣甚至是不匀称，不讲究式样的，随意地在腰部用一条狭窄的腰带束住。很多妇女都忙碌地从事着她们从来没有干过的工作，包括引导有篷货车编成列车组，管理铁路上的信号灯和道岔，甚至清扫烟囱等，以便自己养活自己。于是，干笨重而肮脏的活的妇女们索性和男工一样穿上了马裤。

5. 政治形势变化的影响

政治形势引起了社会的变革，政治文化生活对于人们的审美标准具有极大的影响。一个时期的政治形势，往往使人们的审美要求大为改观。新中国成立前后的衣着形式由长衫、旗袍变为中山装、人民装。在改革开放的今天，人们的着装向着个性化的方向发展。这就是外界的制约，又是内部要求的因素而形成的变化。

6. 社会思想进步的影响

人们思想的进步，也是服装变迁的原因之一。在君主专制的时代，作为统治者权势、财富标志的服装发展起来了；在封建制度的时代，作为农民、手工业者、商人的实用性服装则较为发达；到了资本主义稳定时期，服装则成为舒适的生活用品，强调方便而实用。

7. 产业经济发达的影响

产业革命和经济的发达促进了服装发展。例如，英国产业革命后，由于蒸汽机的发明，使纺织工业迅速发展起来。随着毛织物、棉织物的大量生产，衣料价格的下降，使过去的高级织物变成了大众化的面料，于是服装款式以此为开端发生了巨大变化。

8. 科学发达的影响

19世纪以来，科学的发达也给服装业带来了很大影响，特别是电子、化学、机械等学科领域的不断开发和研究，为纺织工业和纤维生产开辟了越来越广的领域。

9. 生活活动的影响

服装样式的变化，考虑穿着合适、便于工作和生活则是首要的。方便实用就是充分适应人们在生活过程中的活动需要。尤其是现代服装的变化比以往服装变得更加方便实用。

因此，生活活动的适应、要求、变化也成了服装变迁的原因之一。

三、服装演变的基本规律

服装是在时代的潮流中不断变化发展的，它的传统不是一成不变的，从服装的演变史来看，服装变迁的形式一般有以下八方面的原则：

1. 上升型变化原则

最初的服装仅仅是作为适应环境生活的遮体避寒物，其样式是简朴而实用的。随着人类物质生活和精神生活要求的不断提高，服装则逐渐向装饰化、复杂化、形式化方面发展。这种由简到繁，由实用到装饰的变迁形式，为"上升型"变化。

2. 下降型变化原则

与上升型的变化相反，装饰性的服装在实际穿着使用过程中，自然地向实用化方向发展，逐渐成为简朴和便于运动的服装，这种变迁规律称为"下降型"变化。

3. 两性对立的原则

男性和女性的服装无论何种场合和何种变迁形式，总会显示出差异，这叫做两性对立的原则。在对比中强调彼此间的距离，使人们产生一种突兀、独特、新奇和富有情趣的感觉，但人们也有一种"反求"心理，就是崇尚与自身条件相对立的东西，如现代的女服男装化，女性模仿男性的刚健、洒脱、奔放，可以给人们美感，而男性模仿女性的娇媚，则是一种追求独特的表现。这种尺度应以原有的特点为基础，使其和谐而相得益彰，值得提出的是在中世纪前，服装是几乎没有明显的性别差异的。

4. 内因优越的原则

对于外界的制约和人类本身的内在要求来说，无论外界的制约强弱，人们的主观意愿总是占支配地位，因此，人们的心理变化是发生服装变革的根本因素。研究环境变化给人们心理带来的变化是掌握服装变迁的重要原则。社会上政治、经济、军事、外交、文化等事件的发生，影响着人们的心理，从而对服装的发展产生诱导推进的力或抑制阻止的力。

5. 形式升格的原则

形式升格是指服装形式在价值上由下位升到上位的意思。一般它是针对服装的简朴化而言的，特别是在现代，随着衣服款式的简朴化，以前不作为礼服穿着的服装，现已升格为礼服而被广泛使用。例如，黑色西服取代了燕尾服被升格为晚礼服。

6. 单纯化的原则

单纯化的原则是指服装穿着形式的单纯化，也称为"脱皮单化"的原则。这种变化形式的例子在服装史中不难找到，就拿内衣和外衣的穿着形式来说，在过去年代里只作为内衣穿着的服装样式，经过若干年后，就作为外衣穿着了。

7. 保守和革新的原则

自古以来，人对服装就有两种穿着心理：其一，固守穿惯了的服装形式，不愿与之分离的保守心理，而实际上是以其"旧"来展其"新"的；其二，被新事物、新样式所吸引，并想改革旧的穿着形式的革新心理。后一种心理要求达到了一定的程度，即是服装发生了变化。一般来说，注重实用性设计的服装则变化周期短，这是由于人们保守革新的心理在各种不同的服装上反映出来的不同程度所决定的。

8. 模仿同化的原则

基于人们的心理作用所产生的变化原则，由这个原则所引起的服装变迁，一旦成了社会穿着潮流，即便会形成流行。模仿同化即是指人们对新样式的追求，相互影响，相互模仿，从而形成了新样式的广泛传播的变迁形式，工人服、铁路服、扣子、白色工作服、眼镜等，都曾背离其原有的属性而成为人们日常生活的时髦装饰。瓦尔特衫、简·爱帽甚至美军的制服，也曾在某些国家流行一时。

第三节　中西方服装发展历史

一、中国服装发展史

（一）上古时代服饰发展

在纺织技术尚未发明之前，动物的毛皮是人们服装的主要材料。当时还没有绳、线，只能用动物韧带来缝制衣服，如图 1-1 所示。在山顶洞人的遗址及其他古墓里，曾发掘出大量的装饰物，其中有头饰、颈饰等，材料有天然美石、兽齿、鱼骨和海里的贝壳等，当时佩戴这些饰物，不仅是为了装饰，也包含着对渔猎胜利的纪念。

商周的服饰通常是窄袖织纹衣，穿戴蔽膝。这个时期的织物颜色，以暖色为多，尤其以黄、红为主，间有棕色和褐色，但并不等于不存在蓝、绿等冷色。只是以朱砂和石黄制成的红、黄二色，比其他颜色更鲜艳，渗透力也较强，所以经久不变并一直保存至今。经现代科技分析，商周时期的染织方法往往染绘并用，尤其是红、黄等正色，常在织物织好之后，再用画笔添绘。战国时期的服饰有较明显的变化，比较重要的是胡服的流行。所谓胡服，实际上是西北地区少数民族的服装，它与中原地区宽衣博带式汉族服装有较大差异，一般为短衣和长裤，衣身瘦窄，便于活动。

图 1-1　古代兽衣

（二）秦汉、魏晋南北朝时期服饰发展

秦汉时期的男子服装，以袍为贵。袍服一直被当作礼服。它们基本样式，以大袖为

多，袖口有明显的收敛，领、袖都装饰有花边。汉代男子的服装样式，大致分为曲裾、直裾两种。曲裾，即为战国时期流行的深衣。袍服的领子以袒领为主，大多裁成鸡心式，穿时露出内衣。这种袍服是汉代官吏的普通装束，不论文武职别都可穿着。而秦汉妇女的曲裾深衣不仅男子可穿，同时也是女服中最为常见的一种服式，如图1-2和图1-3所示。

图1-2 秦汉妇女曲裾

魏晋南北朝时期传统的深衣已不被男子穿用，但在妇女中间却仍有人穿着。这种服装与汉代相比，已有较大的差异。比较典型的是在服装上饰以"纤髾"。所谓"纤"，是指一种固定在衣服下摆部位的饰物。通常以丝织物制成，其特点是上宽下尖形如三角，并层层相叠。所谓"髾"，指的是从中伸出来的飘带。由于飘带拖得比较长，走起路来，如燕飞舞。到南北朝时，这种服饰又有了变化，去掉了拖地的飘带，而将尖角的"燕尾"加长，使两者合为一体。

图1-3　汉代男子曲裾

（三）唐宋、明清时代服饰发展

　　唐宋时期的男子服饰以幞头袍衫为尚，幞头的两脚也有许多变化，到了晚唐五代，已由原来的软脚改变成左右都为硬脚。唐代官吏，主要服饰为圆领窄袖袍衫，另在袍下施一道横襕，也是当时男子服饰的一大特点。辽代服装以长袍为主，男女皆然，上下同制。龙纹是汉族的传统纹样，然而在契丹族男子的服饰上也会出现，反映了两民族的相互影响。明装与唐装相比，在于衣裙比例的明显倒置，由上衣短下裳长，逐渐拉长上装，缩短露裙的长度。衣领也从宋代的对领蜕变成以圆领为主。到了清朝，女子所穿的旗袍领子边三粒扣子把全身封闭起来，且不能反映出女子身体的曲线，同时，女子被要求裹脚，如图1-4、图1-5所示。这是由于自明朝后高度集中的封建皇权迅速加强的结果。同时也反映了中国当时自给自足小农经济的封闭性。

图1-4 低领镶滚大袄

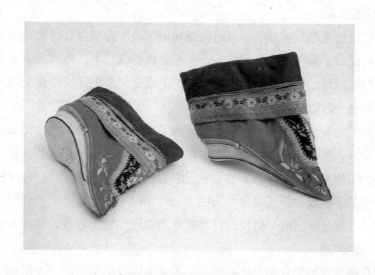

图1-5 木底弓鞋

二、西方服装发展史

西方服装作为世界服装的重要组成部分，其发展变化受到了西方文明传播的直接影响。从西方服装发展的轨迹来看，大致经历了两次转折：其一是从古代南方型的宽衣形态向北方型的窄衣形态演进；其二是从农业文明的服装形态向工业文明的服装形态转型。

(一) 中世纪之前的欧洲古代服装

西方文化起源于古希腊和古罗马，因此，其服装文化也受到这两地的影响。古希腊包括希腊半岛、爱琴海诸岛和小亚细亚西部海岸，爱琴海是希腊文化的发祥地。希腊的城邦国家形式造就了它的民主政治，这在一定程度上鼓励了文化艺术多样发展，百家争鸣。希腊艺术主要成就表现在神与人合一的雕塑和神庙建筑，体现了人们对神的赞美，实际上也是对人类自己的赞美。希腊艺术的主要特点是和谐、规律、庄严与肃穆。古希腊人的服装也表现了这种艺术精神，其服装以自然、质朴的风格体现出一种健康、自由、充实的美。

从公元前 4 世纪后半叶至公元 1 世纪基督时代初，古希腊进入了希腊化时代。这一时代出现了追求时尚与华丽的风格，人们生活也趋向奢侈和开放。与希腊相比，罗马是靠武力征服世界的国家，其文化发展较落后，崇尚武力。他们缺乏浪漫气质和想象力。此外，罗马是最有秩序的阶级社会，等级差别较大，因此服装中也有明显的贵族等级化倾向。

(二) 中世纪时期服装

中世纪西欧已建立起封建制度，统治阶级利用宗教作为巩固自己统治地位的工具，动摇了罗马帝国的基础，而与王权分庭抗礼。在基督教的统治下，欧洲服装也受到影响。由于基督教教义鄙视钱财，反对豪华，因此中世纪的服饰大多表现出结构上的封闭性和造型的宽大特征，颜色也以素色为主。

拜占庭早期的服装纹饰较多，色彩丰富。到了中后期，服装渐渐变得呆板和保守，衣身紧瘦，裹住全身，裤子成了人体的主要服饰。拜占庭服装以奢华著称，贵族们在服装上使用各种豪华的织物和宝石黄金，而普通劳动阶层的服装样式相当简单，没有任何装饰。哥特式艺术时期的服装显得样式复杂，如图 1–6、图 1–7 所示。从服装的细节设计、装饰设计、风格设计都反映出这一时期设计者的奇巧别致，独出心裁，体现了哥特式服装受基督教教堂建筑的影响。

中世纪文化的重要特征就是其宗教性，它渗透于中世纪文明的各个层面，这一时期人们开始把服装作为一种时尚，尽管这种时尚带有宗教的烙印，但不得不承认，这是人们服装观念的一次拓展。

图 1-6　哥特式服装 1

图 1-7　哥特式服装 2

（三）近代前期的服装

　　近代前期的服装，跨越了 3 个世纪，历经文艺复兴、巴洛克、洛可可三大艺术风潮，摆脱了中世纪服装的宗教形式，复兴了人性的自然，并进一步发展到艺术的境界。

　　文艺复兴时期的服饰主要分意大利式时期、德意志式时期、西班牙式时期。意大利式时期特点是内衣部分从外衣缝隙处露出，与表面华美的织锦布料形成对比，进一步衬托出华丽的布料。德意志式时期特点是切口服装、用裘皮作为衣领或服装边缘的装饰方法。而西班牙式时期特点是追求极端的奇特造型和夸张的表现，缝制技术高超。巴洛克作为西方艺术史上一种重要的风格，对服饰的影响主要体现在当时男子服装的奢侈、豪华上。虽有女性化装饰但又不失男性的力度和宏丽。洛可可服饰在巴洛克服饰的基础上强调了纤细轻巧的特点，使服饰更加向女性化方向发展，而男装中的女性化特征也日益突出。到 18 世纪中叶，洛可可服饰达到鼎盛，纤细与优美更加洗练，女装更加性感，裙撑又一次出现，胸部袒露，紧身束胸更显凹凸之美，大量花边装饰服装，看起来雍容华贵，如图 1-8、图 1-9 所示。

图1-8　巴洛克服饰

图1-9　洛可可服饰

第四节　服装的目的和意义

一、服装的目的

　　穿用服装的目的是服装起源的基础。穿用服装的目的大致可分为对于自然环境的人体适应和对于社会环境的人类对应两大类。前者是处于个体的生存保护之需要，通过穿用衣物对应外界的气候以及物象所给予人体的作用，也可以说，是出于人类经营生活的需要和生理的需要；后者是在人类的集团生活中以显示个性、社交礼仪、维持社会秩序等为目的的。《易·系辞》中称："黄帝尧舜垂衣裳而天下治"。这些目的从需要开始逐渐展开，其种别也被分化和增强，如果把现代的服装目的细分一下，可分为人体生理卫生的目的、生活行动的目的；对社会有装饰审美的目的、道德礼仪的目的、标识类别的目的、扮装拟态的目的。

(一) 生理卫生的目的

1. 两种方向

　　这种服用目的可细分为两个不同方向：一个是对人体机能的补充；一个是防止外伤的身体保护。

　　人体机能的补充是对应于外界的寒暑风雨等气候的变化，补足人体生理机能的缺陷，使身体保持舒适的状态而穿用衣物；防止外伤的身体保护是在实际生活中，对应于来自外界物象的危害，如与天然物、器物接触而被伤害，来自火灾、辐射热的伤害、药物中毒、被昆虫及其他动物刺激或咬伤等，为了保护身体而穿用各种保护用衣物。

2. 服装种类及特色

出于生理卫生目的而穿着的衣物有防寒服、防暑服、防雨服、防风服、防高温作业服、工作服、运动服、战斗服以及日常生活中的防伤、防火、防水、防热、遮光、防尘、防毒、防虫、防弹等护身具。

这类衣物一般是根据需要自然产生的，具有必然性的特色，其无论形态、材质、色彩，都要求很强的服用技能性。

（二）生活行动的目的

1. 两种状态

日常生活分为劳作和休息两种生活状态，前者是动的生活状态，如工作、劳动、娱乐、体育运动等；后者是相对静的生活状态，如居家、修养、疗养等。这是为了充分发挥人体的运动机能、生理作用和提高生活效率而穿用的服装。

2. 服装种类及特色

工作服、办公服、运动服、登山服、游泳服、潜水服、宇宙服等活动性服装和家庭便服、睡衣、病号服等修养性服装，其特色为相对应于各种目的用途，有很强的实用性，其形态、构成以及穿着都要求具有轻快的、能动的性能。

（三）装饰审美的目的

1. 方向

在社会生活中，以表现个人的兴趣、性格、美或以吸引他人的注意为目的而穿用衣物。

2. 服装种类及特色

这类衣物包括所有的装饰性的服装和在实用基础上给予不同程度美化和装饰的日常生活服。其特色是基于个人的主观要求被选择采用的，是自由的，没有制约。

（四）道德礼仪的目的

1. 方向

在生活中，为了达到人与人之间的亲密和睦、交流、礼仪、品格等而选用适合于固定场合的服装。

2. 服装种类及特色

这类衣物除了访问服、社交服、礼仪服等以外，现在的日常服、外出服也包含着这种目的。其特色为受各自所处的社会、民族、地域等特定的社会环境和风俗习惯的制约，不允许按照自己的意志、欲求随便穿用。与生理卫生服装的科学性、必然性以及装饰审美的恣意性相对。

（五）标识类别的目的

1. 方向

在社会生活中，特定的一些人为了标识其地位、身份、权威或显示其阶级、职务、作用和行动而穿用特殊的服装。在未开化民族中，为了标识种族、显示权利和实力，表示性别、已婚或未婚、成年或未成年等进行着特定的裸态装身和覆盖装身；在文明社会中，为了维持社会秩序以及表明身份、职业、阶层、任务和行动，也以特定的服装来明确地加以区分。

2. 服装种类及特色

这类服装有团体服、职业服、制服及附属于服装上的肩章、臂章、徽章、饰带等服装和附属品。社会构造越复杂化、细分化，这种服装和附属品的种类也就越多。这些服装具有依靠所设定的特征来标识的机能，具有划一性、类型性、局限性以及必须按照各自的规定来服用的特色。因此，与自由穿用的日常服装相比，在具有权威的同时，又具有一定的束缚性。

（六）扮装拟态的目的

1. 方向

为了变换服用者的身份，利用服装的标识类别作用，用另外一种服装使人感觉服用者像另外的一个人。如演员通过扮装表现剧中人，侦探的化妆、祭祀活动中的假装以及战士通过伪装来达到隐蔽的目的等。

2. 服装的种类及特色

舞台装、变装、假装用服装、伪装服、伪装具等都属于这类的服装。扮装和假装早在石器时代就出现了。法国西南部莱特罗阿夫莱尔洞窟壁画中就画着克罗马农人巫师穿着兽皮的扮装服；我国的狩猎民直到现在还有戴兽角、兽头帽子，穿用某些动物的皮毛，把自己伪装成野兽，以便靠近狩猎目标，提高狩猎效果；我国传统京剧的脸谱艺术更是突出的例子。这类服装的特色是通过具有某种特征的服装来暗示服用者的所属，具有一种蒙蔽机能。

在实际生活中，以上六种服装的目的，大部分是被综合在一起的，所有的服装都必须具备生理卫生上的条件，同时又要提高生活行动效率。另外，在社会生活中，装饰、审美、道德礼仪也往往被提高到优先地位。即使是自由服，也通过性别表示标识类别。

另外，服装的目的当需要特殊机能时，有时会无视其他的目的。如潜水服、宇宙服，为了维持生命，生理卫生上的目的就被强化，其他的目的也就几乎没有顾及的必要了。

服装的目的随着社会文化的进展和社会生活的复杂化，也在不断地被细化。同时，也在不断地发生转化，曾经用来穿的衣物，被作为寝具（被、褥）来利用或作为居住的一部分。在某些特殊场合，服装材料作为食用也不是不可能的。现在已经制造出蛋白纤维（牛奶、大豆、玉米、花生）。现在的宇宙服，从构造和机能上看，除了是一种服装外，同时也是一个与环境隔绝的小居室，是一种人体收容所。

二、服装的意义

追溯服装的发展过程，其对人类而言意义重大。首先，服装满足了人类的基本需求。服装在满足人们护体、遮羞、装饰等方面所表现出来的生理安全需要，早已为人们所熟知。目前，它在满足人类其他方面的需求亦更清楚地为人们所熟知。

1. 社会需求

由于人是社会人，人希望被群体接受从而有所归属，并为别人所承认。在满足这一需求时，与人交往中形象是很重要的，相应的服饰的作用也就不可忽视了。

2. 被尊重的需求

人满足了自己的归属及认可的需求，就要求得到尊重，希望通过自己的才华与成就获得别人尊重。高层人士服饰要求更高，要有适合于不同场所及不同身份的服装。

3. 自我实现的需求

这是人希望自己潜在的能力得到最大程度发挥的需求。任何人都有休闲的时间，休闲时讲究舒适、伸展、自由、个性，设计中配以时尚美感与流行色调来满足社会人对"自我实现"的需求。

服装代表着一个时代社会文明的发展水平和文化、艺术、科学技术的发展水平，是人类发展的重要标志。服装的穿着既是一种个体行为，也是一种社会行为。因此，人们的着装行为除了受气候环境、经济发展水平的影响外，在很大程度上还会受其所处的社会文化（规范）的影响与制约（如风俗习惯、道德准则、禁忌、时尚、法律等），在社会的影响下，人们会产生暗示、模仿、时尚和流行等群众性的心理观。

当然，社会文明活动也离不开服装。在一些文化活动中，服装是一种物质产品，也是一种艺术品，服装为各种艺术形象增添光彩，并增加文化艺术的感染力。由于服装是由形态、色彩和材料通过设计加工制成的物质实体，因此服装的用料与制作手段，可以直接反映出穿着者本人以及社会的生产发展。因此，服装是随着社会科学技术及工业的发展而发展的。

服装不仅反映出人与自然、社会的关系，而且十分鲜明地折射出一个时代的氛围和人们的精神面貌。现在，服装已不再单纯作为生活必需品而存在，服装的外延已经向社会文化和精神领域拓展。同时，服装作为商品除了有较强的使用价值外，其社会价值、文化价值以及艺术价值越来越突显于人类对服装的基本需求之上。服装作为人类生活不可缺少的一种产品，也成为一种信息载体，体现出一个国家或民族的文化、艺术、经济和科学技术的发展水平。

本章小结:

1. 服装的起源。
2. 图腾崇拜起过的作用。
3. 服装的功能。
4. 服装变迁的因素。
5. 服装变迁的基本规律原则。
6. 举例说明服装的目的。
7. 服装的重要性。

思考题:

1. 为什说服装是人类对抗自然和适应自然的产物?
2. 服装变革的形式主要有哪几个时期? 每个主要时期的形式特征是怎样的?
3. 服装对人类的意义是什么?

第二章
服装的功能和分类

课程名称：服装的功能和分类

课题内容：服装的基本概念

服装的功能

服装的分类

课题时间：6 课时

训练目的：通过本章的学习，让学生掌握服装的常用术语、服装的功能与分类。使学生对容易混淆的概念、常用面料的特点、服装分类的原则和依据等，能够做到准确地掌握。

教学方式：由教师讲述服装的基本概念，以便对以后学习提供理论依据，通过多媒体演示向学生解释服装的功能以及分类，使学生能够明确服装的功能和分类。

教学要求：1. 让学生掌握服装的基本概念。

2. 让学生能迅速掌握服装的功能和分类。

作业布置：要求学生掌握服装的基本概念。

服装理论的研究在我国起步比较晚，一些服装方面的常用术语、概念、名词比较混乱。就服装教学而言，没有一套完整、简洁、易懂的教学体系。我国地域辽阔，人口众多，南方与北方、城市与乡村及地区间存在着很大的差异，在教学中传授的技术方法及概念也不统一，这种现象对服装语言的交流、服装事业的发展、服装科学的研究带来一定的障碍。为了掌握服装方面的常用术语，有必要统一明确服装的基本概念，其中包括服装、衣裳、衫、袄、褂、时装、首饰等概念。

第一节　服装的基本概念

（1）衣：指人穿用的东西，以上衣为主，如内衣、夹衣、单衣、衬衣、风衣、大衣等。

（2）衫：古时指短袖单衣，现在指单上衣，如衬衫、汗衫、长衫等。

（3）袄：指有衬里的上衣，如棉袄、夹袄、皮袄等。

（4）裙：指围在人体下身的服装，无裆缝，成筒形。

（5）裤：指人体腰部以下部位穿着的服装用品。与裙不同的是，裙没有裆缝，而裤子有裆缝。

（6）褂：中式单上衣，如长褂等。

（7）服：衣的同义词，指穿在人体的上衣。服很少单独使用，往往和前面名词搭配在一起使用，如学生服、孕妇服、校服等。

（8）袍：古代指长服装的统称，有衬里或棉絮，秋冬季节穿用。现在指中式长服装，如长袍、旗袍等。

（9）装：指套装，上下配套或内外配套的服装。单独一件上衣不能称装，一般是上衣和裤子或裙子配套。同色系、同面料裁制的上衣和裤子称两件套，再加上件马夹，就成了三件套。

（10）马夹：又称背心或坎肩，是指无衣袖的上衣。原来是内衣的一种，现在演变为外衣，穿在各种打底衫外面，有美观、舒适、经济实用、方便的特点。马夹的款式变化很多。

（11）斗篷：又称披风，也称小坎，指无袖式服装用品，原是由蓑衣演变而成的。蓑衣是用草或棕毛编织而成的，披在身上作为防雨用具。到了唐、宋时期，一般用丝织物或毛、皮制作。在寒冬季节披在外面，起到御寒的作用。现在有的把斗篷（金丝绒）用作抱婴儿用，俗称睡袋。

（12）衣着：指人的全身穿戴的总称，主要包括外衣、帽子、手套、袜子、鞋等。

（13）衣裳：指上体和下体衣装的总称。衣：表示上装。裳：表示下装（指裤子或裙子）。《说文解字》称："衣：依也，上曰衣，下曰裳"。

（14）衣服：衣裳同义词，指穿在人身上起遮体，御暑防寒，防各种伤害和起美化作用的物品，不包括鞋、帽、包、首饰等物品，但是在古代是包括头上戴的帽子，《中华大字典》"衣：依也，人所依，以庇寒暑也。服：谓冠并衣裳也"。

（15）成衣：指近代出现的，按一定规格或者标准号型、批量加工、生产的成品服装，这是相对于在裁缝店里定做的服装和自己家里制作的服装而出现的一个概念。现在一般指商场里销售的服装叫成衣。

（16）服装：是衣服、衣裳和成衣的同义词，指遮盖人体与四肢物品的总称，不包括鞋、帽、袜、手套等。服、装分开用时指两个方面，其含义不同。

（17）服饰：指衣着穿戴，是服装和起美观作用装饰物品的总称。一是指服装上的装饰，二是指服装及其装饰。《语言大典》中有"服装指穿戴在人身上的衣着和装饰品"的解释，衣着和装饰品包括服装、鞋、帽、首饰、包、腰带、手套、袜子等。服装一词运用广泛，通常把服装搭配的装饰物品、服装配件理解为服装。随着人们对服装整体美的要求和重视，"服饰"的概念会更准确、更合理。

（18）时装：指当前最流行、最前卫的服装，具有浓郁时代气息，符合时代潮流趋势、新颖独创的服装。时装是强调造型、色彩、面料、工艺、图案的最佳组合，体现新颖、超前、独特的特点。时装一词运用较早，在清代就已出现"时装"，那时，人们把反映现实生活的戏曲剧目称为"时装戏"，戏中人物穿着的演出服称时装。过去的服装颜色单调，款式也有限，现在的服装则是百花齐放、新颖独特。时装不专指女装，现在也包括男装、童装。

（19）大衣：指穿在各类服装外面的服装，主要用于户外穿着。根据不同需要，大衣有长、中、短之分，中式与西式之别。一般长度在臀围部位或略下为短大衣；长度在膝盖部位称中大衣；长度超过膝盖以下都称长大衣。

（20）被服：指所有包裹覆盖人体的衣物，包括头上戴的、脚上穿的、手中拿的等。"被"，覆盖之意；"服"，穿着佩戴的意思。被服在古代作动词使用，是穿着的意思。现在作名词用，指被子、服装类。《现代汉语词典》中对"被服"的解释为被服、被褥、毯子和服装（多指军用的）。

（21）首饰："首"是头的意思。顾名思义，可以理解为头上的装饰品。如今，首饰的概念已不局限在头上的装饰物了，而是泛指头饰、项链、胸饰、手镯、戒指等装饰品。有人认为首饰是女子专用品，将首饰概念限于专指女子饰物，实际上男子也喜欢佩戴首饰，如戒指、项链、胸饰等。因此，现在首饰泛指男、女饰物。

第二节　服装的功能

衣、食、住、行中"衣"放在首位，可见其重要性。"衣"是人们生活的重要部分，是日常生活状态中所不可缺少的。一件服装是由面料、款式、色彩、图案等多种元素构成的整体。原始社会人们用树叶、兽皮等围裹身体，是人类服装的初级阶段。服装在经过千百年的演变发展后，服装面料除了继续利用天然纤维（如棉、麻、毛、丝），还创造了各种美观实用的纤维织物。

一、服装具有实用功能

服装作为美化人的一门艺术，它是以穿用为目的，以款式、色彩、面料和制作为表现手段，它的艺术性只有与人体结合在一起时，才能体现出来服装的真正含义，即实用功能。

一年有春、夏、秋、冬之分，气候有寒、暑之别。服装的主要功能是为了适应气候变化，使身体感到舒适，所以就产生了冬装（羽绒服、裘皮等）、夏装（薄纱裙、真丝裙等）、春秋装（单衣、休闲装、风衣、大衣等）。正常人的体温一般在37℃左右，室外温度如果低于人体的正常温度，人体的热量就容易向外散发。冬天的室外温度非常低，室外温度要比人体温度低很多，服装就要选择防寒效果好的。同样，在气温很高的炎热盛夏，穿上透气性、散热性好的浅色轻薄服装，就会感觉到凉爽、舒适。因此，能御暑防寒，适应气候变化是服装的基本功能。随着人们对服装的需求，又进一步提出免烫、防火、耐磨、抗皱、定型、防水、防蛀等特殊要求，这就是服装的实用功能，也是服装的基本功能。

二、服装具有保护性功能

我们生活在自然界中，常常有尾气、尘埃、病菌侵入，污染着我们的身体，当我们着装后，就可以防止尾气、病菌、灰尘的侵入，对身体起到一定的保护作用。人体需要新陈代谢，要排泄汗液等分泌物，服装面料要具有一定的吸湿性，尤其是纯棉布，可以不断吸收人体分泌出的汗液和油脂，起到保护皮肤、防止疾病的作用。同时，在日常的生活和劳动过程中，有时会有坚硬、尖锐物体侵刺，有时会遭到明火灼伤、辐射以及热水烫伤、碰伤等危险，所以服装对人体具有一定的保护性功能。服装的保护性功能最集中、最具体的反映就是专用特殊劳动保护服装的问世。如炼钢服具有隔热、防高温、不易燃烧的特点，面料是用石棉制作而成的；潜水服是用橡胶制作而成，防水性能好；机械服装坚韧性好、耐穿。由于工种的不同，对于服装面料的要求也不同，有的要求是防水的，有的要求是防腐蚀的，有的要求是绝缘的，有的要求是耐油污的，有的要求是杀毒杀菌、防止病菌相互感染的。总之，服装的保护性功能就是保护我们的身体不受各种侵害，满足日常工作生活的需要。

三、服装具有美饰功能

随着社会的不断发展和人们审美意识的逐步提高，服装不仅仅具有御暑防寒和保护功能，还具有美饰功能。"佛要金装，人要时尚"、"三分貌，七分装"，这些俗语说的都是服装的美饰功能。一款好的服装，除了具有保护肌体的实用功能外，还具有装饰、美化衬托人体美的功能。也就是说，服装在一定程度上能弥补人体的缺陷和美化人的外表。

1. 合体美观

合体美观是指服装的款式、面料、色彩、图案、裁制、加工等多种元素在人体穿上后所形成的美感。服装是装饰美化人体的艺术，能为人体增光添彩。这是因为服装能够突出人体的自然美，尤其是现代服装款式，运用多种元素进行设计，非常重视对人体的颈、肩、胸、腰、臀、腿等部位的表现。服装的美化功能并不能单纯从服装造型中产生和形成，它是通过面料质感、色彩、工艺以及穿着者的体型、肤色、年龄、性格等方面的具体条件相结合反映出来的。合体美观就会给人带来美感，同时让穿着者舒服。相反，一件服装穿得不好，让人看了很不舒服，就不会产生美感，达不到合体美观的功能。服装的款式、面料、图案、色彩等元素应与穿着者的环境、身份相结合，才能给人以美的享受。在海滩或者游泳馆里，你穿一套合体泳装非常美丽和谐，它能衬托出你的健美身形，起到合体美观功能。如果你穿着泳装去逛商场或咖啡厅，就失去美的含义了。前几年出现西服热，很多人把西服作为工作服。西服是一种造型很美、很庄严的服装，由于穿着者不分场合、不讲搭配，结果穿着者达不到美观合体效果，反而破坏了西装美观合体的功能。

2. 弥补缺陷

服装具有美化装饰功能，因为通过服装的款式、色彩、图案可以修饰人体体型，从而达到弥补人体体型的某些缺陷和不足的功能。如胖人穿着深色系、竖条图案的衣服让人产生视错觉，从而弥补人体的缺陷。肩过高或过低，可以通过垫肩来调节弥补。西服驳头的宽窄确定，要根据人脸形的宽窄来决定。如果瘦脸、颈部长，驳头就不要太窄了；如果是胖脸、颈部短，驳头就不要太宽。因此，服装能够取长补短和弥补缺陷。

服装不仅是人类精神文明和物质文明发展的产物，还能展示出一种精神境界，表达一种美的内涵，体现一种社会时尚，反映出人们各自所属的社会地位、气质、文化素养。因此，服装的穿着只要能适应各种不同的社会环境和场合，就能达到装饰美观和内在气质的完美统一。

四、服装具有遮羞功能

羞指羞涩、不好意思和难为情，怕别人笑话的心理。服装的遮羞是指用服装来遮盖人的羞涩心理。人们的羞涩心理受环境、文化、风俗、习惯的影响很大，不同的国家、不同民族和不同的地理条件，人会有不同的羞涩反映。如有的地方人们不穿上衣感觉很自然（裸态的民族），穿上服装却感到羞涩；有的地方老人羞涩于穿着过分花哨；年轻的姑娘最不愿意穿着陈旧、过时的老式服装在街上逛。

服装的遮羞功能早在原始时期就存在。由于人类进化，原始社会里人类就产生了羞涩心，开始知道用树叶掩盖男女性器官、用大麻制成的原始粗布围住下身、用树藤为胸带、用树叶为围裙以及用动物毛皮作为上衣，这些都是服装最原始的遮羞功能。在非洲一些原始部落，不论男女上身大都是赤身露体，但下身必须用一幅布料或其他物品围住。即使有些野人部落从未接触外界，他们不知道服装是什么样的，但是，他们也都知道在下身围个物品予以遮盖，这是人类的本能。

　　服装的产生是因为人类天性中所共有的羞耻感，这就驱使人类用服装来遮蔽某个部位，这种说法认为羞耻心是服装产生的原因。圣经里有关亚当和夏娃的故事中讲到上帝创造了亚当，又用亚当的一根肋骨创造了夏娃。他们一丝不挂、无忧无虑的生活在伊甸园中。有一天，在蛇的引诱下，他们偷食了伊甸园中的禁果（善恶果），这才知善恶、辨真假，有了羞耻心。于是，用无花果的叶子来遮盖。上帝知道此事，将他们赶出伊甸园，让他们去劳作、去受苦、去生儿育女，这才产生了人类。临走时上帝送给他们每人一身皮服装。虽然这是一种神话传说，但是也从侧面说明了服装的遮羞功能。

　　服装的遮羞功能在不同时期有着不同的要求，这是因为，服装的遮羞功能是和社会的发展紧密联系在一起的。最开始人们用树叶围在下身遮羞，后来又逐渐上移，围裹全身形成服装。到了秦代，服装已经比较齐全，对于遮羞的要求也达到顶峰，连女人的手臂都不能外露。在唐代，社会风气比较开放，于是就出现了大袖衫和高腰裙，甚至"袒胸露臂"也无所谓了，对服装的遮羞功能又有了新的理解。到了明清时代，封建礼教束缚着女人，笑不露齿、行不动裙是女人必须恪守的信条。于是对服装的遮羞功能又有了不同的认识。在清末时期，谁要敢穿袒胸露背的服装或是穿高衩的旗袍而不穿长的打底裤，就被认为是大逆不道的人。在当时，长裙里面必须穿长的打底裤，上衣的高领必须系紧扣，否则就当做是羞耻之事。

　　服装的遮羞功能在不同时期情况是不一样的。开始的时候，只是为了遮盖男女性器官，这是人类本能的直接需要，带有原始的朴实色彩。后来随着人类的进步、文明程度和文化修养日益提高，服装的遮羞功能往往和保护身体的实用功能、装饰美化功能紧密地结合在一起。如游泳时穿的游泳衣和游泳裤，其主要功能就是为了遮羞，它的实用功能和美化功能是其次的。但是在满足遮羞功能的前提下，也要考虑到这些泳衣穿在身上美观、轻便、舒适、合体和便于活动，以及款式、色彩、图案、面料、附件、装饰等多种因素，让人产生美感和赏心悦目，从而达到美化的功能。因此，尽管泳衣、泳裤占全身面积不多，结构简单，但好多服装设计师仍然苦心设计出标新立异的泳装款式，力争让遮羞功能与美化功能、实用功能完美结合。

五、服装具有社会功能

　　服装是人类在社会发展过程中逐渐形成和所创造的物质，在历史长河日积月累的演变过程中，服装的社会性无处不在。从古至今，服装一直是人类劳动、智慧的结晶和灿烂文化的最重要组成部分。人类经历了漫长的历史，为了适应各种各样的自然环境，形成了不同的服装，服装是人类根据自己所属的时代、环境、风俗及社会习惯而穿着的。服装是文化的象征，也是思想的形象。服装作为人的第二皮肤，是表达人类精神生活的特殊语言。

因此，它是人类物质文明和精神文明的一面镜子，充分反映出社会情操、理想道德和社会风尚。结合我们的生活实际，性别、年龄、职业、民族、宗教、文化素养以及性格、爱好、审美情趣，都可以从服装上得到反映。同样的帽子，各有不同的含义，一件上衣的细微变化，可能意味深长，甚至一个款式的变化，都可以从中窥视出社会变迁。人有种族与肤色之别，年龄与性别之分，职业、文化教养、社会地位不同，人的审美心理也会有差异，不同类型的人，对服装要求也不同。因此，服装的选择也反映一定的社会因素。如工作服、运动服、军服、警服、校服、礼服等，在款式、面料、图案、色彩等方面，显示穿着者特定的社会地位身份及职业特点，因而在服装款式、图案、色彩、面料因素上，也同样能反映一个地区、一个国家、一个民族的文化水平、精神状态、文明程度和社会风尚。

服装不仅能遮体、御寒和防暑，还能表达一种美的内涵，体现一种社会时尚，反映一种伦理观念。它本身物质功能所表达的内容就更显而易见，因而在人类社会中就构成一种穿着的社会效应。当一类服装所体现的精神境界、美的内涵、社会时尚、伦理观念作用于社会时，必然与社会相吻合而在社会中留下一定的痕迹，这种痕迹就是因服装作用而产生的穿着社会效应。穿着的社会效应是在以往效应的基础上产生出的，并又将引出另一种新颖时装的问世，从而产生另一种新的穿着社会性。

六、服装的舒适功能

服装的舒适性功能主要是指在日常生活中常穿用的生活服、工作服、睡衣、家居服、运动服、礼服等对人体活动的舒适程度。原始的服装单纯为了保护身体、防暑御寒、避虫类叮咬或者追求装饰美化，都是从本能出发，很少考虑到舒适性。后来随着人类科技不断进步和科学的不断发展，舒适性越来越被重视，成为考核服装质量的重要指标。

事实上，服装的舒适性通常体现在服装面料质感轻薄、穿着舒适、服装款式适应体型变化及伸缩性。一般而言，服装在满足对人体温度调节功能的前提下，越轻越好，从而在肩上的荷重不影响人体血液循环和呼吸运动。通常情况下，冬季服装的毛呢、绒、裘皮保暖性好，但是较重。夏季服装轻盈舒适，如丝绸或缎类都比较光滑、凉爽。服装面料舒适性主要是要求穿着在身上感到舒适、轻盈、没有重压感和包紧感。既要保暖不使热量迅速散发，又有良好通气性，没有闷热难受的感觉。作为内衣的面料，更要有一定的吸湿功能，把人体排泄的汗液或油脂吸去，同时又要非常柔软、手感很好，这样穿在身上就会感到非常舒服。人们在长期生活中积累了丰富经验，一般在夏天喜欢穿棉布、丝绸、纱；在冬季喜欢穿裘皮、毛、呢面料，因为它们保暖性好并且非常舒适。

人们对服装舒适性的追求，标志着服装面料向高档方向发展，也是人们生活水平提高的体现。随着纺织工业的日益发展，特别是纺织化纤工业的迅猛发展，各种各样合成纤维织物大量流入市场、品种日益增多、花色琳琅满目，无论是从织物外观、牢度等各方面相比，都可以和天然纤维织物相媲美，有的甚至能超过天然纤维。但在服装实用性和舒适性方面都远比天然纤维差，尤其是在透气性、吸湿性的指标方面，还不能达到令人满意。因此，在很多工业发达国家里，人们所喜欢和追求的还是那些舒适性较好的天然纤维织物，如纯羊毛、纯棉、真丝等。

七、服装具有标志性功能

服装的标志性功能是指通过服装款式、色彩、图案来表明穿着者的身份、地位和从事的职业。服装在原始时期，主要是为了满足人们御寒防暑、保护人体、装饰美化人体、遮掩羞涩等需要而产生和发展的。在封建等级制度森严的时期，统治者施行种种权力来加强对劳动群众的剥削和奴役，还通过靠服装来加强自上而下的从属关系，层层加以控制来维护和巩固自己的政治权力和经济地位，于是就产生了"章服制度"，这就增添了服装的一个新的功能——标志功能。

古今中外，服装的标志性一直作为服装的一个重要功能存在着，它不仅可以反映一个国家、民族的政治、经济、文化和科技水平，而且反映了着装者的身份、地位和从事的职业性质。如元帅服、海关服、军服、校服、铁路服、护士服、邮政服等。服装的标志功能有一定的稳定性，也会经常变化的，任何一次重大变革，实际上也都包含着服装的变革。服装是人们最直接、最普遍的自我表现，常常被用来充当新社会思潮和价值观念的重要标志。我国历代封建王朝，对服装色彩、款式、图案都有过严格规定。如唐太宗李世民就规定：一品官是红色袍；二三品官是紫色袍；四五品官朱色袍，六七品官是绿色袍；八九品官是青色袍等。"黄袍"是帝王的专用服装颜色与款式，如果平民百姓要穿着黄袍是要治罪的。国外也是如此，宫廷服装都标志一定礼仪和威严，具有鲜明标志功能。历代统治阶级总是把衣冠服装作为"严内外，辨亲疏"的工具，帝王贵妃、达官贵人以及黎民百姓之间的衣冠服装都有严格的区别，其中服装的款式、色彩、面料以及服装长短、尺寸规格，都有明确的规定，绝不能弄错，在封建社会穿错服装是有杀头之罪的。由于地位、身份、职务、等级不同，服装上的图案也不同。帝王服装上画着"日、月、星、辰、龙"等，表示主宰整个世界，而大臣们根据分管任务不同，分别画有"虎、凤、水、牛、羊、马"等，这样帝王将相的官服、将服往往成为权力的象征，神圣不可侵犯，各种不同服装代表了一定官衔和身份，也代表了一定尊严和社会地位。在长达几千年的封建社会里，服装的规范化（即体现出标志功能）成为古代中国统一政治地位和道德秩序的体现，它汇集了中国文化中的其他特征，成为封建传统的一个组成部分，对中国社会的发展产生不可忽视的影响。

服装的标志功能在现在社会中作用非常明显，它可以区分各种不同职业，便于加强管理和方便人民生活。在繁华的大街上，穿着警服的警察指挥交通，给人们带来方便；在工厂整齐划一的工作服，不但有显著标志作用，而且有利于企业内部职工之间增强团结、提高工作效率，对自己所从事的事业有一种荣誉感；在车站、码头、饭店、宾馆等服务岗位的工作人员，穿上各自的职业服能给旅客和消费者带来很大方便。对其职工本身来说，也能加强自身责任感、增强凝聚力，把工作做得更好；海关、法院、检察院等机关工作人员在工作时穿上各自的服装，一是便于标志，二是可以增添工作时庄重、严肃的气氛，有一种威严感；学生们穿着校服，除了起到标志功能外，同时还有助于学生在学习过程中注意力集中，增强同学之间的团结和凝聚力。

八、服装具有卫生功能

服装的卫生功能是指防止服装面料污染及其他对人体造成的损害，它研究服装影响人体健康的各种因素。近年来，随着人们生活水平的提高，人们对服装的要求也越来越高，一款好的服装，不仅在于款式、色彩、图案、制作工艺，更重要的是看面料是否具有透气、吸湿的舒适性，这种舒适不仅心理上舒适，触觉上舒适，着装后活动时也要舒适。服装面料对人体伤害主要表现为皮肤发炎、湿疹、发痒，严重时可以形成小疱和脓疱。人们为了适应外界气候变化，常以穿着适当的服装来调节体温，使人体的温度保持在37℃左右，这是通过服装面料的吸湿性、吸水性、透气性、防辐射性等性能实现的。服装面料保护人体，不受外界和内部的污染，使人体皮肤表面清洁和服装清洁。外界污染物主要是尾气、粉尘、煤烟、工业气体等，这就要求服装具有防止这些污染物侵入皮肤的功能。同时服装还应具有外界病菌不能侵入、杀灭病菌的功能。服装内部污染主要是由于皮肤表面出汗分泌的皮脂脱落的表皮细菌等污垢。内衣更应具有吸附脏污能力，并能易于清洗和保洁，这就是服装的卫生功能。

第三节　服装的分类

服装分类就是将服装按照某种特点进行归类和分档。服装可按面料、用途、年龄、职业等进行分类。服装种类随着时代的进步和工业发展以及生活方式的变化而与日俱增，其分类也越来越细。

一、按用途分类

1. 职业服装

按照统一规定的款式、面料、色彩、图案等，体现穿着者的身份与地位和从事的职业的服装，有一定标志性。如警服、军服、校服、铁路服、海关服、护士服、邮政服等。能够树立团队形象，增强凝聚力，有整齐、庄重、严肃的作用。

2. 生活服装

是日常生活中所穿的服装。生活服装包括的范围比较广泛，如男女老幼在一年四季所穿的生活便装、衬衣、罩衣、睡衣、孕妇装等。生活服装的品种很多，色彩、款式、面料等也丰富多彩，它是反映人们生活水平状况的一个重要方面。

3. 礼仪服

礼仪服也称礼服、社交服，指专门用于出访、迎接宾客等礼仪活动时所穿着的服装。

如燕尾服、西装、中山装、中式旗袍、晚礼服等。

4. 运动服装

又称体育服装，主要指运动员在运动训练和参加比赛时穿着的服装，通常是由专业部门设计和制作。运动服的特点是轻盈、舒适、美观，具有艺术性，能满足运动员做各种动作时的需要。现在人们日常生活中，也比较喜欢穿着各种各样的运动服装。

5. 舞台服装

指在演出时所穿着的服装总称，如戏剧、舞蹈、杂技、曲艺、武术等表演者穿着的各种服装。舞台服装体现演出者角色、身份、年龄、个性、生活习惯和特点，它是一种情境，也是反映一种艺术思想形象。

二、按面料分类

服装的面料包括天然纤维织物和化学纤维织物，因此，按面料构成的不同，可以分为天然纤维服装和化学纤维服装。

(一) 天然纤维服装

天然纤维可分为植物性纤维和动物性纤维，是自然界原有的或经人工培植的植物上或人工饲养的动物上直接取得的纺织纤维，是纺织工业的重要材料来源。尽管 20 世纪中叶以来合成纤维产量迅速增长，纺织原料的构成发生了很大变化，但是天然纤维在纺织纤维年总产量中仍约占 50% 左右。

植物性纤维的主要成分是纤维素，又称纤维素纤维。动物性纤维的主要成分是蛋白质（毛的角质，丝的丝素），所以又称蛋白质纤维。天然纤维织物主要包括棉织物、麻织物、丝织物、毛织物等。

1. 棉织物服装

以全棉纤维纺织成各类面料，是普通的服装面料，具有清秀、文雅、朴实无华的外观风格。因此，棉织物一般不宜设计高档服装，而适合制作轻松、文静、朴实的生活便装。

棉织物种类很多，按纹理来分有平纹、斜纹、缎纹等；按品种来分有粗布、细布、卡其、华达呢、直贡、府绸、纱、灯芯绒、贡缎等。棉织物具有保暖好、易洗涤、舒适、透气、吸水、吸湿、耐碱、耐磨等特点。棉织物由于不易传热，所以耐热性和保暖性好。棉纤维耐碱，对染料具有良好的亲和力，能获得良好的印染效果。棉织物缺点是弹性差，易起皱、缩水性大、伸缩性低，不耐酸。

2. 麻织物服装

用麻纤维纺织加工的织物，包括麻和化纤混纺交织物。麻织物由于原料不同，分为麻布、亚麻、苎麻、葛麻。

麻织物的特点是苎麻纤维比较坚韧而细长，其织成的布料，透气性好，吸湿散湿快，外观粗犷，穿着爽挺透凉，不粘身，是理想的夏令衣料。亚麻布料吸水性、散热性好，易洗快干，平整挺括，手感柔软，不仅能作衣料，还能作里料、被单、台布、窗帘等。大麻纤维细长，可以织成粗细不同麻布，多用于家具套或装饰布等。总之，麻织物具有透气、挺括、凉爽、强度好的优点，其缺点是抗皱性差。由于麻纤维很难整理得均匀，所以这类织物的表面会出现毛糙、肌理不光滑，促成麻织物具有古朴、粗犷的外观风格。

3. 丝织物服装

其主要纺织原料分为桑蚕丝、柞蚕丝、人造丝三种。丝绸面料最适宜做夏季服装，如旗袍、衬衫、裙、中式服装等。用丝绸做服装一般都要配里衬，里衬的色彩、厚薄、软硬程度，都要以不影响面料为原则。丝绸织物特点为具有很好的吸湿性、耐热性优于羊毛织物及棉织物，耐酸，染色性能好，具有良好的弹性，低于羊毛优于棉、麻织物，是较高档的服装材料，其外观高贵典雅、华丽的风格是其他织物所不能媲美的。

4. 毛织物服装

以羊毛为主要原料，用羊毛和其他纤维混纺或交织的纺织品叫毛织物。由于纺织工业的不断发展，各类羊毛混纺交织的面料品种日益增多，一般含有羊毛的纤维混纺或交织而成的面料，缝制后我们都称为毛织物服装。毛织物服装品种很多，根据生产织造工艺及外观特征的不同，可分为精纺毛织物、粗纺毛织物、长毛绒和驼绒等。毛织物服装具有挺括、美观、保暖性好、牢度强、伸缩性强、不易皱、吸湿性好等特点，并且有柔软的手感和较好的耐酸性。但是它的缺点是耐碱性差，易虫蛀和易霉变黄等。总之，毛织物手感丰满温暖，平挺而不皱，外观保持性好，光泽含蓄、深沉，具有良好的可塑性、透气性、保暖性，比丝、棉织物耐穿，是春秋冬季的高档服装面料。毛织物服装显示出的庄重、平稳、成熟的风格而受到消费者的喜爱。

5. 毛线编织服装

毛线编织服装有一定的弹性和伸缩性，质地柔软，保暖性好，很受少女们喜爱。毛线编织服装有风衣、大衣、坎肩、外套等。它的款式、色彩、图案百花齐放，独具特色。毛线编织服装的特点是可以经常拆洗，重新再编织，可以任意变化款式，经济实用，美观大方。

6. 裘皮服装

裘，古代指动物毛皮，是用兽毛皮鞣制加工而成。用裘皮裁制的服装有两种形式：一种是将毛皮作为面，如裘皮大衣、裘皮外套；第二种是将毛皮作为里，如皮袄，呢克服等。裘皮以冬季毛皮最佳。因为动物在经过秋季以后，毛皮逐渐长出又细又密的绒毛。这种绒毛保暖性强。夏季的皮则由于毛稀而无绒，毛质量最差。裘皮包括许多陆地的及海洋动物毛皮。如紫貂、水貂、水獭、狐狸、猞猁、羊皮、狼皮、狗皮、豺皮、兔皮等。裘皮的特点是保暖性好，是高档珍贵服装。

（二）化学纤维服装

以纯化学纤维为原料织成的面料裁制成的服装。化学纤维服装分为合成纤维服装和人造纤维服装。人造纤维是用天然纤维，经过化学处理，再纺丝制成的纤维；合成纤维则用低分子化合物，通过化学聚合成高分子化合物，再经纺丝制成纤维。化纤服装的最大特点为外形美观，手感好，坚牢耐穿，是我们日常生活中最普遍的服装。

三、按季节分类

服装的基本功能就是防暑御寒、保护身体。我国地域广阔、气候多样，有热带、温带、寒带之分，有南北差异及四季的差异，因此服装必须适应自然界的气候条件。人们在漫长的生活中，已经掌握了周而复始的自然规律，逐步形成和完善不同季节穿着的服装，人们按穿着季节的需要来对服装分类，形成春装、夏装、秋装和冬装。

1. 春装

凡是适应春季穿着的服装都叫春装。春季气候宜人，凉中带暖，因此春装比夏装厚，比冬装薄。春季是充满朝气，万物更新，富有生机季节，体现在服装上要色彩鲜艳，明度高一些。

2. 夏装

夏装是盛夏季节人们穿着的服装。夏季由于气候炎热、阳光灿烂，人们穿着更多的是色彩明快、面料轻薄、款式简洁、防紫外线的服装来适应夏季自然条件，达到舒适、凉爽的穿着效果。

3. 秋装

秋装是秋季穿着的服装。秋季是秋高气爽的收获季节，秋装崇尚的是沉静、成熟和简洁，服装色彩以沉暗为主。总之，秋装要符合大自然气候变化规律，要与自然相吻合，做到"天人合衣"。

4. 冬装

冬装指在冬季穿着的服装。如棉衣、貂皮、羽绒服等。冬季气候寒冷，因此，冬装要求面料厚、保暖性好、防风性强等，同时冬装要轻盈、轻便、柔软，便于活动。

以上是按照服装穿着的季节分类，但由于现代服装款式变化增多，有些服装的季节适应性较强，一年四季都可以穿着。如男女衬衫，原来是衬衫穿在各类外衣里面的，是内衣的一种，但到了夏天，人们又把它单独地穿在外面作为外衣穿着。还有男西装，一般为春秋装，现在男西装一年四季均可穿着。因此，服装按季节分类主要是指日常穿着的各种生活服装。

四、按性别、年龄分类

1. 按性别分类

服装按性别可分为男士服装、女士服装和男女通用服装。由于男士和女士的生理特征、心理特征以及爱好的不同，男士和女士穿着的服装在造型、色彩、面料、图案和装饰等方面都有区别。如西服套装在男女款式、布料、色彩都一样时，也有不同，男装一般要求挺括粗犷、精神饱满，没有收腰，是直筒形；女装是收腰形，具有柔美飘逸的特点。

2. 按年龄分类

服装按年龄分为成人装、童装。成人服装可分为老年服装、中年服装、青年服装；童装又分为大童服装、中童服装、幼儿服装、婴儿服装。服装造型、面料、色彩、图案及规格都要按不同年龄段、身体特征和自身需要进行制作，以达到舒适美观的目的。

五、按民族分类

民族服装可分为西式服（西方民族服装）、中式服（中华民族传统服装）和民族服（中国少数民族服装）。我们国家的服装文化历史悠久、款式繁多，不同时期的服装融合了不同文化特色，形成了独特的服装风格。少数民族服装如藏族服装、朝鲜族服装、蒙古族服装、苗族服装、回族服装等均有不同的鲜明特征。

服装因不同民族、不同地区、不同自然环境、不同宗教及语言等形成服装款式的变化，也就产生了民族服装。服装是时代的产物，是民族文化的象征，是我们人类生活的必需品，我们 56 个民族服装风格各异，奇妙精巧。鲜明地反映出各地区特色的民族传统，如藏族人穿的服装有一只袖子退下缠在腰间，是为了适合高原早晚冷、中午热的气候特点；高山族人们用椰皮来制作坎肩，绣上本民族图腾百步蛇图案，大面积体肤裸露出来，能适合炎热气候和地理条件；土家族人将山花百草归纳成规则形式纹样；苗族姑娘戴银冠以示吉祥；佤族以各色图腾，表示忠贞爱情；瑶族的包头帕、白族的凤凰帽、赫哲族鱼皮衣、鄂伦春族的袍子、朝鲜族的裙子、羌族的头皮坎肩、维吾尔族的花帽上绣的植物。我国民族服装千姿百态、美不胜收，体现出各民族服装的艺术精华。

六、按特殊功能分类

1. 耐热服

指材料进行热处理后的耐热程度，如消防服、高温作业服。

2. 防辐射服

如久坐在电脑前穿特殊防辐射服起到保护的服装。

3. 耐水服

指服装防水能力，如潜水服、雨衣等防水性好的服装。

4. 耐腐蚀服

指具有对酸、碱以及药物的抗腐蚀能力的服装。一般植物纤维耐酸性弱、耐碱性强，而羊毛耐碱能力弱、耐酸能力强，因此，合成纤维耐酸、碱能力强，可用于制作耐腐蚀服。

5. 高空服

是指飞行服、宇宙服、登山服等。

七、按穿着组合归类

1. 整件装

整件装是指上、下两部分相连的服装，如连衣裙等，整件装特点是整体感强。

2. 套装

套装是指上衣与下装分开的服装形式，有两件套、三件套。

3. 外套

外套是指穿在服装的最外层，有大衣、风衣、雨衣、披风等。

4. 背心

背心是指穿在上半身的无袖服装，通常短至腰臀之间，略微贴身的造型，现在也有穿在外衣外面，装饰美化。

5. 裙

遮盖下半身用的服装叫裙；带上衣叫连衣裙；像裤子的叫裙裤。如筒裙、褶裙、一步裙等。

6. 裤

裤是指从腰部向下直到踝骨的服装，裤子款式很多，按裤长不同可分为长裤、中裤、短裤、超短裤等。

八、按服装造型分类

服装造型分为整体造型（服装外形）设计和局部造型设计。服装外形对于服装形态来讲，是至关重要的视觉因素，也是近现代设计师非常注重的表现手段之一。服装外形有 H 形、A 形、Y 形、O 形、X 形、S 形等。服装局部造型变化主要表现在领口、袖子、门襟、下摆等部位。局部变化可采用几何形状和仿生造型来区别，如长尖角领衬衫、小方领衬衫、小圆角领衬衫，仿生造型的有鸡心领套衫、燕尾服、蝴蝶袖上衣、蝙蝠袖衬衫、蟹钳领女衫等。

九、按服装缝制工艺分类

缝制工艺有精做和简做之分，也有装饰工艺与传统工艺之别。如现在衬衫有刺绣，胸前绘有图案或者亮片，还有镶嵌钻石和用丙烯绘画的褶皱等，这都是根据工艺来分类。

十、按外来语译音分类

日常生活中经常会听到如夹克衫、派克、T 恤衫等服装名称，这些都是从国外传入我国的服装，取其音译而来。

1. 夹克衫

夹克就是上衣的意思，在国外是短上衣的通称，衫是我们自己加上去的，由于人们习惯把国外传入各种轻便的在春秋季节适合穿的短小上衣都称夹克衫。夹克衫款式比较轻盈、活泼，款式变化繁多，有关门领、开门领、小驳领、大驳领、插肩袖、挖袋、背缝、开背衩等。

2. 派克

派克是英文 Parker 的译音，派克大衣实际指中长大衣。

3. T 恤衫

T 恤衫就是衬衫的意思，"恤"就是英文 Saiyt 的译音，在广东和港澳地区用恤作为服装名称是很多的。服装 T 恤原指一种翻领式衬衫，现泛指男士半袖服装。

本章小结：

1. 服装的基本概念。
2. 服装的功能。
3. 服装的分类。

思考题：

1. 服装、服饰、衣服的区别。
2. 袍、褂、袄的区别。
3. 服装分类规律。

第三章

服装产业链概述

课程名称：服装产业链概述

课题内容：服装产品开发

服装生产过程

服装销售过程

课题时间：9 课时

训练目的：通过本章教学，让学生对于服装中下游产业链三个主要环节：产品开发、生产加工、产品销售的基本概念和基本流程有所了解。掌握一定的服装生产和销售技巧。

教学方式：由教师讲述服装产业的各个环节，任课教师应采集服装生产中用到的设备图片，供学生了解基本情况；并搜集服装品牌专卖店的图片及相关卖场的图片，讲解相关知识点。

教学要求：1. 掌握服装开发、生产加工、销售渠道的基本程序。

2. 了解影响服装开发、产量与品质、销售业绩的主要因素。

3. 明确服装企业在不同阶段所采取的不同销售策略。

作业布置：1. 开发服装新产品应该从哪些方面着手？开发的基本原则有哪些？

2. 服装销售的主要渠道有哪些？假定一个服装企业，自行设计一条销售渠道。

3. 纺织服装产业链包含哪些环节？你认为哪些环节比较重要？

4. 服装产量决定服装销量，还是销量决定产量？

第一节 服装产品开发

一、服装产品开发的概念

1. 概念

任何新的服装产品开发都必须是以消费者需求为根本出发点，开发者必须深入了解目标市场研究与细分、流行趋势与设计风格的确定、产品开发和营销策略等内容，才能使开发出的服装新品接近市场需求，满足消费者要求。

服装新产品，顾名思义，它必须在用途、结构、性能、材质、配色、艺术主题等某一方面或几方面具有新的改进和创意。

2. 开发原则

服装企业要想永保活力、立于市场不败之地，就必须要有源源不断的新产品被开发出来。新产品开发首先要从消费者需求和企业发展需要出发，通过对市场的调查研究，采用新型服装材料、新的生产工艺、最新流行配色方案及新的设计构思等，进行新的创造性设计。新的服装产品的开发不仅是服装企业进行生产经营活动的基础，同时也是提高企业市场竞争力和增加经济效益的重要手段。

在开发新产品之前，我们必须了解，作为产品设计的服装和作为艺术设计的服装有着不同之处——注重自我表现的艺术设计的服装只是产品设计服装中的一个局部环节。企业在开发服装新产品时，必须首先解决市场、法律、组织、财务、运输、制造等各个影响因素，才能有效地降低产品投资风险，提升投资回报率。因此，产品在开发过程中，必须始终坚持以下原则：

（1）开发服装新产品必须研究市场的保障性，必须找出新产品确实存在的当前市场，或者新产品能够引发的潜在市场。

（2）认真分析现有市场同类产品的竞争情况。分析本企业新产品的特色、优势以及采取相应对策以战胜竞争对手。

（3）必须考虑一种服装新产品面市所引发的新一轮竞争。必须作好充分准备，如何避免他人的抄袭。

（4）考虑新产品投入市场的最佳时机，或早或晚都会给企业带来不必要的损失。不仅要"眼疾手快"，而且要恰如其分，恰到好处。

（5）要考虑本企业的产品结构，尽量避免企业内部各种产品之间所造成的竞争势态。尤其是有专卖店和固定客户网的企业。

（6）服装企业非常讲究企业形象的塑造及完整性。新的服装产品的开发要考虑是否会与已经久负盛名的产品的艺术风格相冲突。

（7）要考虑新产品在销售方面有无特殊要求，如服装的色彩和款式，有时会受宗教及伦理道德等社会背景方面的影响。尤其是外贸服装，要仔细查阅销售地区的民族禁忌。

二、服装产品开发流程

服装产品开发流程包括三个环节：构思规划、设计与试制和推广上市。

（一）构思规划

1. 设计构思

服装产品开发的工作中心集中在设计上，服装设计师是服装产品的孕育者，也是服装产品的灵魂构建者。服装设计师需要考虑服装的流行元素、设计主题、结构工艺、材质用料、市场定位等诸多因素，需要从整体上对服装产品进行设计规划。

首先，设计人员需要进行产品的市场调研，根据获取的市场动态信息（市场动态信息主要包括行业销售数据、渠道商现状、竞争程度、消费者的需求与消费水平变化等方面信息）进行定位和产品线计划等；其次，还要对国际和国内权威机构定期发布的服装流行预测信息进行研究，主要包括未来一段时间色彩和图案的预测，以及高新技术面料等的研究成果展示等。调研这些信息是服装产品开发的前提和保证。

2. 审核构思

设计人员需要将构思以服装效果图或结构图、设计报告、样品实物等形式表现出来，经过企业内部相关部门（财务部门、技术部、销售部等）的共同审核。通常情况下，需要提供5倍于最终投产的方案数量进行分析与审核。设计师需要提供详细的设计说明，便于会审时的评价和决策。方案审核时需要明确构思方案是否符合企业的发展方向，和企业资源配置能否满足构思需要。

对于通过评审的构思方案，应给出评价及改进建议，设计部门进行造型和结构的改进，研发部进行面辅料的试验，生产部门进行生产工序的制定，销售部门对产品定价初步核算。最终，要对新产品的款式规格参数和预期经济指标进行材料汇总，服装款式规格参数，即服装外观和穿着质量；预期经济指标，包括生产成本、定价、预期销量、预期利润等。

对于新款服装的构思，设计师至少需要提前半年开始调研目标市场。在这一时期，设计师通过生活体验，再通过预测和判断，形成初步的构思方案，并通过企业内有关部门的审核。通常情况下，对于这一环节的重视程度与企业的规模很紧密，企业规模越大，知名度越高，越重视产品的这一环节。

（二）设计与试制

1. 款式设计

通常情况下，服装款式设计主要包括两方面的内容：首先，设计师需要根据流行趋势和市场信息设计多款服装；其次，设计师需要依据服装款式，选择合适的面辅料，并了解服装厂的设备和工人的技术。

2. 结构设计

服装款式设计完成之后，需要按照设计的款式图绘制纸样。在成衣行业中，第一个绘制出的纸样一般称为头样或原样，而头样通常是标准尺码或中间尺码。样板均为加放缝份后的毛板，还要画出面料的经纱方向，打出对刀剪口、定位孔等标记，并标明号型规格。

3. 样衣生产

初步的头样完成后，根据头样缝制样衣。样衣制作通常只做一件或数件样品，由板房内技术熟练的样衣工人来完成。当样衣完成后，如果某些地方不符合设计师或顾客的要求，需要进行修改时，通常都需要从初步的头样开始改动，可能需要反复数次修改，直至顾客满意为止，样衣制作才算完成。

4. 新品测试

在新品制作出来后，需要对新品进行项目测试，包括水洗、干洗、粘衬剥离，缝制工序的检验，及时发现问题，规避在正式投产后出现问题的风险。

(三) 推广上市

1. 小批量生产

小批量生产工序与样品试制工序有一定区别，但与大批量生产相同，生产工艺流水线和所用设备完全相同，因此，在小批量生产过程中，可以对生产人员、工艺与生产设备进行测试，为日后的大批量生产做准备。

在这个阶段，需要注意以下三点：第一，需确认产品具有良好的技术性能和经济效益；第二，企业资源配置能保证生产顺利进行；第三，原材料采购及销售业务的可靠性。

2. 正式投产与销售

正式投产意味着产品开发进入了最关键的一环，即产品开发进入成熟阶段。服装设计与工艺达到市场的认可，质量标准、工艺处理、生产准备都已完备。

三、服装产品的生命周期

服装产品的生命周期，指的是一款服装在进入市场后，它的销售量和利润都会随时间推移而改变，呈现一个由少到多、由多到少的过程，就如同人的生命一样，由诞生、成长到成熟，最终走向衰亡。服装的生命周期是从计划、设计、研制、生产、包装、储运、投入市场开始销售，到试销、推销、倾销，直到最后被淘汰出市场所经历的一段时间。服装产品的生命周期大体划分为孕育期、准备期、投入期、成长期、成熟期、衰退期。

但产品的成熟期与市场有很大关系，不同的市场，同类型产品的生命周期可能会存在不同。即本企业产品可能在某地区进入成熟后期，但在另一地区可能处在上升期，这样对于企业生产来说，仍然是处在生产和销售的上升期。

1. 孕育期

孕育期是指设计人员及开发人员通过对以往市场的大量调研，构思未来替代产品的计划时期。

2. 准备期

当初步方案通过精心策划以后，就要投入生产前的技术准备工作。尤其是一些主要的文案工作，如原材料计划、生产计划、样衣制作、工艺文件的制定，甚至小量的试生产和试销售。

3. 投入期

新的服装产品的款式结构、用料价格确定下来以后，就要投入市场，即进入了初步投入期。此时，顾客对产品还不了解，产品设计还没有完全定型，工艺也并不成熟，只有少数追求新奇的顾客可能购买，销售量很低。为了扩展销路，需要大量的促销费用，对产品进行宣传。在这一阶段，由于技术方面的原因，产品不能大批量生产，因而成本高，销售额增长缓慢，企业不但得不到利润，反而可能亏损。因此，企业需要密切关注市场，及时采取措施，解决技术难题，调整设计的具体细节方案。

4. 成长期

当服装产品由小批量生产销售开始转向大批量生产并进入服装市场，销售量迅速增长，预示着产品进入成长期。在成长期，消费者开始对产品有所了解和接受。大量的顾客开始购买，市场逐步扩大。产品大批量生产，生产成本相对降低，企业的销售额迅速上升，利润也迅速增长。竞争者看到有利可图，将纷纷进入市场参与竞争，使同类产品供给量增加，价格随之下降，企业利润增长速度逐步减慢，最后达到生命周期利润的最高点。

5. 成熟期

在这一阶段，产品生产及工艺更加成熟，成本进一步下落，竞争逐渐加剧，产品售价降低，促销费用增加，企业利润下降。当市场需求趋向饱和，潜在的顾客已经很少，销售额增长缓慢直至转而下降，标志着产品进入了成熟期。

6. 衰退期

衰退期是指新产品或新的代用品出现，使得顾客的目标选择与消费习惯发生改变，转向其他产品，从而使原来产品的销售额和利润额迅速下降。服装产品的衰退主要是由于产品流行性减弱，风格特点不再适应消费者的心理需要。企业应该加强财务核算，密切注视亏损的可能性，适时放弃老产品。

第二节　服装生产过程

一、前期准备

1. 准备阶段

制定服装生产规格表，分为报价规格表、样品规格表、批量生产规格表。报价规格表主要用于标识款式效果及生产的用料计算。对生产工厂来讲，此规格表仅仅供报价用，以便争取得到真正的订单。报价规格表的内容与规格往往同成本直接相关联，任何有利于降低成本而又不改变原有服装的基本要求的方法和建议都可以考虑。所有在此规格表中变化的内容，都必须做出注释，以便下一步工作开展的时候前后对应。

样品规格表主要用于制作样品。样品制作前，根据提供的款式样和样品规格表中具体要求逐项进行操作，检查样品的织物、结构规格、测量所有的尺寸，确信各个点的尺寸在允许误差范围内。把款式样和规格表给相关的技术人员，审查各疑点难点，以便全面了解样衣的情况。原则上，样衣应该用正式面料和辅料。

批量生产规格表主要是样品被客户批准后，客户才提供的表格。只有这个产品规格表才是供工厂大批量生产用。在大批量生产经营之前，还须进行一次产前样，在制作这个样衣时，所有的主料和辅料都必须用正式生产中要用的料，客户完全认可后方可大批开裁。

2. 生产计划

生产计划是根据企业利润和生产目标对生产过程以及生产的品种、数量、质量标准、进度等进行科学合理的统筹和安排，确保在规定的交货期内完成生产任务。生产计划的核心问题是保证企业紧贴市场需求，依据企业的经营计划按品种、质量、数量，按期交货，以满足市场及客户的需求，更好地占领服装市场。

二、生产流程

（一）生产准备

1. 打样

在正式投产前，需要技术部进行打样工作，主要目的是对服装的工艺、制板、后处理等方面进行技术确认，符合生产技术要求的生产计划才能继续执行，不符合的生产计划需要进行技术改进。

2. 下料

通常情况下，采购部需要根据打样时客户要求所用的面辅料情况，采购正式生产时的面辅料。面辅料的选购直接决定了最终产品的质量以及企业的成本控制状况，需要给予重视，否则很容易出现问题。例如，如果面辅料质量未能达标，严重者可能导致客户退货；预计用量过多会造成原材料积压、资金浪费，估计用量过少可能导致延迟交货，造成更大的损失。

为确保所投产的面料质量符合成衣生产要求，面料进厂后要进行数量清点以及外观和内在质量的检验，经检验不合格的面料不可盲目投入生产。面料检验项目很多，外观上主要检验面料是否存在破损、污迹、织造疵点、色差等问题。经砂洗的面料还应注意是否存在砂道、死褶印、破裂等砂洗疵点。影响外观的疵点在检验中均需用标记注出，在剪裁时避开使用。面料的内在质量主要包括缩水率、色牢度和克重三项内容。辅料如黏合衬的黏合牢度、温度、压力的检验，拉链的顺滑程度、尺寸长短、横拉强度的检验等。

把好面辅料质量关是控制成品质量重要的一环，通过对进厂面辅料的检验和测定可有效地提高服装的合格率。

（二）面料裁剪

裁剪是把面料、辅料和衬布等服装材料按照设计好衣片的规格进行裁剪与分割，以便于缝制成成衣；在裁剪过程中，要保证对于原材料的合理利用。在裁剪环节，主要有以下具体的工艺：检验布料、核准数量、整理、铺料、裁剪。在裁剪各工艺过程中，要认真控制每一个环节，确保裁片的质量符合规格要求。

1. 验料与核准

裁剪车间接到生产任务单后，首先要制定一个合理的裁剪方案。内容包括：确定铺布的床数、每床铺布的层数、每层面料裁切的规格数和件数等内容。这样，不仅使排料、铺料等工作能顺利进行，而且能提高裁剪的效率。

2. 铺料

铺料就是将材料平整的按照裁剪方案所确定的床数和层数，在裁剪设备上铺好并整理面料，使布边对齐、没有张力拉伸。根据生产条件的不同，服装款式及面料的特点，铺料方法一般有以下三种：双向铺料，又称来回折叠铺料；单向铺料，又称单层一个面向铺料；双层一顺铺料，将一层面料（面向上）铺到要求的长度后，折回来从头面对面合铺。

3. 裁剪

裁剪是按照排料图上的衣片轮廓用裁剪机器将铺放在裁床上的面料裁剪成衣片的过程。服装的工业化大批量生产是借助于现代化的生产设备完成的，在服装工业生产过程中，排唛架是服装生产企业在布料的成批量裁剪中必不可少的工具。把确认后的纸样画在与所裁剪面料等宽的裁床专用纸上，并排列成一个组合，这个组合在行内叫排唛架。唛架的作用是把面料的用量降到最低，通过唛架计算出最准确的用量。唛架的编排是一项技巧工作，必须考虑多个技术需求，例如布纹的方向、布料的幅宽、布料的性质、尺码的组合及预备拉布的长度等。整理好之后将唛架放在整理好的衣料上面，并按照唛架上衣片的形状来裁剪衣料。其他材料如里布和衬布的裁剪与面料的裁剪基本一致。

（三）裁剪后处理

裁剪完成后，为了保证服装的质量和缝制工序的顺利进行，裁剪车间还要对裁片进行验片、编号、黏合、打包等后续处理。

1. 验片

验片主要是对衣片质量与数量的检查，防止在生产过程中出现不合格的衣片，并将具有瑕疵的衣片进行更换，避免不合格衣片进入缝制环节，影响生产的顺利进行。验片时主要检查以下方面：裁片是否与样板的尺寸、形状一致；刀眼、定位孔位置是否准确、清楚，有无漏剪；对条对格是否准确，能否合缝（袖子、上衣侧缝、裤子下档缝等）；裁片边际是否光滑圆顺，后衣片对折是否对称，前衣片两片大小是否一致。

2. 编号

编号是把裁剪好的衣片按铺料的层次由首层至底层用粉笔写上序号。编号时要避免漏打、重打、错打。否则易造成成衣色差，影响成衣质量。一般双层铺料时，正反两片均编同一数字。缝合时必须将同一编号的裁片组成一件服装，以避免服装出现色差。同时，编号也可以避免在生产过程中半成品发生混乱，便于出现问题时查对。

3. 黏合

黏合是指利用黏合设备对需加黏合衬的衣片进行黏合处理，黏合能提升服装的耐用性和美观度。黏合衬在服装加工中使用非常普遍，采用黏合衬能简化缝制工序，使服装品质均一，对防止服装变形和褶皱能起到一定作用。黏衬时需控制好时间、压力和温度，并根据黏合的效果进行调整黏合机器的运行速度，达到黏合的最佳效果。黏合衬以无纺布、梭织品居多。

4. 打包

打包是将裁剪完成的衣片进行分包捆扎，按编号顺序将一件服装的所有衣片放在一起，方便生产，避免混乱，提高效率。裁片分组应该适中，分组过大，给缝制车间流水线的输送和操作造成不便；分组过小，裁片分散凌乱，不便于管理。分组包扎时，还要注意不要打乱编号，小片裁片不能散落丢失，捆扎要牢固。最后要将填写好的交接生产单放在一起，供车工、检验、锁钉、大烫等各部门使用。

5. 缝制

缝制是按照所生产的服装缝制技术要求标准，把裁剪好的衣片缝制成一件完整的、符合质量要求的成衣加工过程。缝制是服装加工的核心工序，一般实行流水作业的方式，技术要求较强、缝制工序较为复杂。缝制是按不同的款式要求，通过合理的缝合，把各个衣片组合成服装的一个工艺处理过程。

缝制分为机器缝制和手工缝制两种。对于需要大批量生产的服装，通常是按照工艺流水线进行缝合，即由不同的工人通过缝合机器缝合服装的不同部分，最终实现服装的完全连接。在某些小批量成衣生产中，服装的缝制是通过缝纫工人手工进行缝制。在缝合过程中，除对衣片各部位进行缝合外，为使服装成品各缝口平挺、造型丰满，还需要对服装进行大量的熨烫加工。

6. 熨烫

熨烫分半成品熨烫和成品熨烫两种，主要是对半成品和成品按照要求通过熨烫设备进行不同温度、湿度、压力和时间的处理过程，实现塑形和定型的目的。

半成品熨烫是指在缝合过程中，穿插在各缝纫工序之间进行的熨烫工作，包括部件熨烫、分缝熨烫和归拢熨烫等。在半成品缝制过程中，衣片的很多部位要按照工艺的要求进行平分、折扣、压实等熨烫操作，如折边、扣缝、分缝烫平、烫实等，以达到衣缝、褶裥平直，贴边平薄贴实等持久定形。成品熨烫是对缝制结束的服装成品做最后的定型及外观处理，保证服装的平服合体、不易变形。

7. 成衣质检

影响成衣质量的因素是多方面的，因而，成衣质检是服装生产中非常重要的环节，在服装生产过程中，起着举足轻重的作用。正确的检验观至关重要，质量检验是指用某种方法和标准对服装进行多种特性进行测量、检查、试验、度量，并将测定结果与评定标准加以比较，以确定每件服装及整批产品合格与否。与所要求的质量相比，生产出的产品性质会参差不齐，有一定的差距。对于这种差距，检验人员需根据一定的标准来判定产品合格与否。通常情况下，在质量标准允许范围内的差距判定为合格品；超出允许范围内的差距判定为不合格。

外观、规格与加工质量是成衣质检的主要方面。外观主要检查左右是否对称、长度是否一致、线条是否圆顺、有无明显瑕疵等。尺寸规格主要是通过对照工艺技术标准，通过测量成衣各部位尺寸，检查成衣的尺寸是否符合标准。加工质量检验主要是质检人员通过目测与对比及工作经验，尺量等方式，对照加工工艺要求，检查服装的加工质量。

检验内容与标准：

（1）外观检查：检查款式、外观，整体形态是否良好；

（2）辅料检查：服装商标、纽扣、拉链、备用辅件等是否完整；

（3）色差检查：与被测物成45度角，目测成衣的袖缝与摆缝是否有色差；

（4）缝制检查：检验缝份是否平服，是否有抛线、跳针、短线、漏针，明线是否顺直，宽窄是否一致；

（5）规格测量：测量成衣的各个部位尺寸规格是否符合工艺单和样衣的要求，是否在允许的公差范围内；

（6）修剪检查：检查线头是否修干净，扣眼是否干净，特别是面布或里布透光的，看清里面的线头或杂物是否干净，里边的缝宽窄一定要一致；

（7）整烫检查：检查成衣整烫是否平服，有无极光、水渍、烫黄、烫熔、污渍；

（8）锁订检查：检验扣眼的规格，缝针是否与工艺相符，检验纽扣的规格是否相符，钉扣是否与工艺相符。

三、包装与储运

1. 服装包装

包装的目的之一是确保服装呈良好的状态被运送到指定地点，二是为了激发消费者的购买欲望。服装包装材料主要有塑料袋、防潮纸、纸箱等重要材料，对于特别产品的包装还有如挂装的衣架、衬衫包装的衬斑、胶领、蝴蝶片、尼龙插角片、塑夹、彩盒等。

在包装时应注意一下产品包装主要有以下四个方面的作用：

（1）保护被包装的商品，防止损坏，诸如散落、掺杂、收缩和变色等，这是最重要的作用。产品从生产出来到使用之前这段时间，保护措施是很重要的。

（2）提供方便，便于搬运。制造者、营销者及顾客要把产品从一个地方搬到另一个地方，包装可以为搬运提供方便。

（3）便于商品的辨别。包装上必须注明产品型号、数量、品牌以及制造厂家的名称。包装能帮助库房管理人员准确地找到产品，也可帮助消费者找到他想买的东西。

（4）促进产品销售。特别是在卖场里更是如此，产品在销售过程中，包装能够吸引顾客的注意力，并能把他的注意力转化为兴趣。有人认为，"每个包装箱都是一幅广告牌"，良好的包装能够提高新产品的吸引力，包装本身的价值也能引起消费者购买某项产品的欲望。包装也是增加产品附加值的重要手段，新颖独特、精美合理的包装可以确保商品价值的增值。

2. 服装储运

服装储运包括产品入库、保管、装卸、运输、配送和销售等过程。服装储运属于服装物流环节。服装物流的主要功能有包装功能、装卸功能、运输功能、保管功能、流通加工功能、配送功能、物流情报功能等。而现代物流是服装生产与销售的必要环节。

第三节　服装销售过程

服装销售是指服装企业自己建立的服装销售网络体系（如直营专卖店、商城专柜等）或借助中间商建立的服装销售渠道，将服装推介给客户并产生消费行为的交易过程。企业在交易过程中实现自身的产品价值最大化，消费者则满足自身对于服装的需求。

服装销售是服装产业链中非常关键的环节，销售的好坏决定了企业的生产及运营的状况。服装销售分外销和内销，在国内，外销主要以服装加工出口为主要形式，为国外服装品牌贴牌加工制造产品；受国外金融危机的影响，国外服装市场不断萎缩，内销已经成为国内品牌服装运作的主要方向，其业务也涵盖了整个服装产业链。国内服装企业众多，规模大小不一，企业运营千差万别，大规模企业一般有完善的制度规划，决策执行按照程序有条不紊。小型家族式企业运营更多集中在老板一人身上，老板就是企业运行的中心。但服装企业在销售环节，仍然存在一个基本的模式，即销售环境分析、市场细分、目标市场和市场定位、销售渠道、销售计划制订与执行。

一、销售环境分析

（一）服装市场宏观环境分析

服装市场宏观环境是指给服装企业带来市场机会，同时又会造成威胁的不可控因素，是服装企业赖以生存和发展的宏观条件。主要包括人口、自然、经济、科学水平、社会文化等。宏观环境间接地影响和制约企业销售活动，具有传递性、渗透性，是影响销售额的最重要因素。

1. 人口

人口是影响企业最高决策的重要因素。人既是开展市场销售活动的主体，也是企业市场营销活动的对象。对人口的分析主要包括以下三方面的内容。

（1）人口总数：就服装产品而言，人口总数及人口的增长直接影响人们对服装现实的及潜在的需求，衣食住行是人类生存必须要考虑的，一般情况下，一个地区的人口越多，对于服装的需求就越大，根据人口数目就可以大致推算服装市场规模的大小。

（2）人口分布：是指单位面积人口数量的分布及人口流动情况。人口密集的地区，服装需求相对就大；而人口稀少的地区，服装需求就小。如北京、上海等大型城市的服装消费量非常大，而新疆和西藏等人口稀少的地区，服装需求就小。人口的流动性则意味着购买力的流动，影响着市场需求和规模的变化，服装需求量的变化也会使服装消费结构发生变化，从而给服装企业带来较多的市场份额和机会。北京、上海、广州等是中国人口流动最大的几个区域，也是国内服装销售的主要市场，在这些地方都有相当多的服装企业和服装批发市场及卖场。

（3）人口结构：是指人口年龄、性别、家庭、社会、民族的构成。不同结构的消费群体其消费需求、消费方式及购买行为皆有差异。如性别的不同，形成了男装市场、女装市场；年龄的不同，服装市场可划分为童装市场、成人装市场、中老年装市场等。

2. 自然环境

自然环境是指服装企业或服装市场所处的地理位置的地形地貌、气候条件以及自然资源状况，这些因素会不同程度地影响服装企业的营销活动，有时甚至会影响到企业的存亡。我国地域辽阔，地形、地貌、气候差异大，东北地区的人们还穿着冬装时，深圳、海南早已换上了春装。羽绒服在北方热销，而棉、麻、丝衣物在炎热潮湿的南方受到人们的喜爱。

3. 经济环境

经济环境是指企业与外部环境的经济联系，主要包括一个国家或地区的社会购买力、消费者收入、消费者支出、物价水平等因素。经济环境是实现需求的一个重要因素。没有一定量的人口就不会形成市场，同样没有购买能力也不能形成需求。服装企业从消费者的角度出发，最关注的是消费者收入、消费者支出两个因素。

（1）消费者收入：消费者收入是指消费者个人从各种来源所得到的货币收入。消费者收入的高低直接影响着购买力的大小和市场容量、消费者支出规模和消费结构。

（2）消费者支出：与消费者收入的高低密切相关。随着家庭收入的增加，消费者用于购买食物的支出占家庭收入的比重会下降；与此同时，用于其他方面如服装、交通、娱乐、卫生保健、教育等的支出占家庭收入的比重就会上升，即随着收入的增加，消费者对于服装的消费会随之提高。

4. 科技水平

科技水平是经济发展水平的集中体现，科技环境直接影响着企业的生产、销售和整体运作方式的改变和效率的提高。科技的发展使服装产品在材料、品种、款式、功能上不断推陈出新，同时，也大大影响到了人们的生活方式、消费模式和需求结构。

在服装行业，科技发展对于服装生产水平的提升主要集中在工业化生产领域，由于自动裁剪设备的发明，一张裁床可以一次裁剪上百张布料；同样，电动缝纫机、蒸汽熨烫设备也为服装的大批量生产提供了条件。而电脑绘图则让服装设计从传统走向现代高科技。

5. 社会文化

对于服装企业来讲，社会文化因素包括消费者的生活方式、价值观念、购买行为、风俗宗旨、闲暇时间分配、阶层的差异、道德伦理、语言文化、传统文化、现代与西方文化艺术、宗教信仰及地域差异等。社会文化环境是造成人们欲望和行为的最重要因素，不同的国家、不同的民族，由于其文化背景不同，则有着不同的风俗习惯和生活方式，对服装态度和理解也不一样，直接或间接地影响服装的设计、包装、信息传递的方式和接受程度以及分销和推广措施。

（二）服装市场微观环境分析

1. 企业内部环境

制订销售计划时，营销部门要考虑企业的其他部门，如高层管理部门、财务研究与发展、采购和会计部门等。所有这些相互联系的部门构成了企业的内部环境。各个部门的分工是否科学，协作是否和谐，目标是否一致，都会影响企业的营销管理决策和营销方案的实施。

企业的内部环境是指企业高层管理部门制订企业的目标、战略和政策，营销部门根据高层管理部门的政策来制订营销方案，在经最高管理层同意后实施方案。在方案实施过程中，营销部门必须与企业的其他部门密切合作。如研发部门设计、开发符合方案要求的服装，采购部门负责供给生产所需的原材料（面料及辅料等），生产部门生产合格优质的服装，财务部门负责资金的筹集，会计部门对收入和成本进行核算等。这些部门对营销方案能否顺利实施都会产生影响，只有各个部门精诚合作，以顾客需求为中心，才能给顾客提供满意的产品和服务。

2. 供应商

供应商是指为企业提供生产经营所需资源的企业或个人，包括提供原材料、设备、能源、劳务和其他用品等。服装企业在选择供应商时，应选择质量、价格以及运输、承担风险等方面条件最好的供应商，因为供应商所提供面料、辅料或设备的价格和质量，直接影响企业生产的服装价格、销售和利润。若供应短缺，将影响企业不能按期完成生产和销售任务。因此，很多服装企业都与供应商建立长期、稳定的关系，这对企业来说是必要的。另一方面，服装企业也应注意要与多个原材料的供应商保持联系，而不要过分依赖于任何单一供应者，以免受其控制。

3. 销售中介

在服装销售过程中，由于生产企业自身的能力有限，往往需要借助各种社会中介机构的力量，帮助服装企业进行分配、销售与推广。这些中介机构包括中间商、实体分配机构、营销服务机构等。例如百丽集团，拥有中国鞋业第一自营连锁销售网络，也是耐克、阿迪达斯、新百伦在中国的代理商。

4. 消费者

消费者是指服装企业最终为其提供产品的消费人群，或指购买服装的消费者。消费者的需求是企业销售的出发点和归宿，因此，企业需要对目标消费者进行消费深入了解，企业也要不断地更新其产品提供给消费者，供其选择。

5. 竞争对手

竞争是各个服装企业必须面临的问题，每个企业的生产和经营都要受到其他同类企业发展状况及销售手段的不同程度影响。对于服装企业，要掌握主要竞争者的生产规模、市场占有率、生产质量、定价及主要的销售策略等信息，还应掌握产品的款式、产品种类等信息。分析竞争品牌的优势和劣势，从而取长补短。

二、市场细分、目标市场和市场定位

(一) 市场细分

市场细分是指根据消费者需求的差异，将市场划分为不同的消费群体，并勾勒出细分市场的轮廓。企业进行市场细分的目的是通过对顾客需求差异予以定位，来取得较好的经济效益。众所周知，产品的差异化必然导致生产成本和推销费用的相应增长，所以，企业必须在市场细分所得收益与市场细分所增成本之间做一权衡。

1. 性别细分

根据性别，服装市场可以分为女装市场和男装市场。女装市场一直是服装市场的主要部分，女装一直引领着时尚潮流，是时尚、个性的代表。女性购买服装的频率和金额也是所有服装消费群体中最多的。因此，众多企业和资源混战在女装市场里，女装品牌众多，但各品牌之间差距不大。

男装市场，中国男性占总人口比例要超过女性，随着中国经济的不断发展与人民收入水平的不断提高，国内男装市场正逐渐成为一个不容忽视的市场。目前我国男装业的发展已具有相当的基础，产品市场定位相对明确，质量比较稳定，男装品牌实力雄厚，并形成产业集群发展模式。据中商情报网最新研究显示：2010～2012年间中国男装市场零售价值将以年均合增长率9.9%速度增长，零售量年均合增长率将达到8.4%左右，男装市场是男装企业在发展过程中必须要深入研究的一个市场。

2. 年龄段细分

根据年龄可以将服装市场分为童装和成人服装市场，童装又分幼童、中童和大童服装。而成人服装根据年龄可分为青年服装（16~25岁）、壮年服装（26~45岁）、中年服装（46~60岁）、老年服装（60岁以上）。

童装在国内外的发展时间并不长，但势头非常迅猛。据相关调查显示，全球15岁以下的儿童有18亿人，占世界人口的30%。从数量上看，儿童服装将具有绝对的市场潜力。以中国市场为例，对童装的需求量每年以10%~13%的速度增长。中国是世界第一人口大国，随着经济和人民收入的不断提升及对于儿童生活质量的重视，消费者对于童装的可支配收入也持续上升，这保证了中国童装市场的发展潜力。

青年是服装消费的最主要群体，是消费群体中服装购买频率最多，总体购买金额较多的群体。该群体具有一定的经济基础和很强的购买欲望，时尚、追求流行、个性、敢于尝试新事物、容易接受各种新品牌是他们的特征。

壮年是消费群体中购买单件服装价值最高的群体，该群体是消费群体中经济基础最为雄厚的群体，有较强的购买欲望。但该群体大多数人的人生观和价值观已相对成熟，因此对风格、时尚有自己的喜好，其中相当部分人已有自己喜好的品牌，对新品牌的接受程度较低，购物理性居多。

中年消费群体事业有成，服装购买欲望一般，但对服装有一定的高阶需求。市场上适合该年龄段的服装品牌较少，往往是有购买欲望时，却找不到适合的服装品牌，特别是满足该年龄段的女性服装品牌严重缺失，市场机会较大。

在国内，老年消费群购买欲望较低，对服装的需求不是很强。对于该年龄段的服装品牌基本为空缺。

3. 产品属类细分

目前，我们将现有市场中主要服装产品的属类进行划分，可分为商务正装、休闲装、高级时装等。

商务正装系列包括在正式商务活动及高级商务会晤期间所穿着的商务服装，包括如西装、燕尾服等类型的服装系列，像报喜鸟、雅戈尔、杉杉、利郎、七匹狼等服装品牌。此类服装代表着经典、非凡与高尚，被誉为"贵族衣着"。市场需求量一定，价值较高。

休闲服装系列又可以划分为：大众休闲（如佐丹奴、班尼路等）、运动休闲（如耐克、阿迪达斯、李宁的专业运动休闲、Lacoste 的网球休闲、Wolsey 的高尔夫休闲等）、时尚休闲（如 ONLY、VERO MODA 等）、户外休闲（如 PaulShark 的海洋休闲、JEEP 的野外休闲等）等。虽然休闲品牌领域的竞争者越来越多，各个品牌开始将原有品牌的着装领域进行延伸，并将一些具体的生活或娱乐概念赋予其上，使之更为形象，也更加容易被消费者所接受。

高级时装也被人称之为"明星服装"，因为这类服装价格高昂，诸如参加各类时尚晚宴及高级典礼之中穿着，像阿玛尼、范思哲、迪奥、夏奈尔等。此系列服装以奢侈、豪华为设计特点，大多以纯个性化（即个人订制）订购为经营模式。

（二）确定目标市场

选择要进入的一个或多个细分市场。企业在划分好细分市场之后，可以进入既定市场中的一个或多个细分市场。目标市场选择是指估计每个细分市场的吸引力程度，并选择进入一个或多个细分市场。目标市场选择需注意目标市场选择标准：有一定的规模和发展潜力；细分市场结构的吸引力；符合企业目标和能力。

（三）市场定位

市场定位建立于在市场上传播该产品的关键特征与利益。市场定位的实质是使本企业与其他企业严格区分开来，使顾客明显感觉和认识到这种差别，从而在顾客心目中占有特殊的位置。

三、销售渠道

服装销售渠道是指服装从生产者向消费者转移时，取得服装所有权或帮助转移其所有权的企业。简单地说，服装销售渠道就是服装从生产者向消费者转移过程的具体路径。销售渠道是服装销售的核心部分。

（一）销售渠道的类型

随着服装行业的发展，服装销售的渠道模式也在不断地发生改革和创新，迄今为止，各种新的销售渠道逐渐明晰，对服装的销售增长起到促进作用。

1. 直接渠道

直接渠道是指服装企业不经过任何中间环节，将服装直接销售给最终消费者，直接渠道在服装行业通常表现为服装直营店。直接渠道是最简单、最直接的一种渠道。其优点是环节少、有利于降低流通费用、及时了解市场行情等。然而，服装市场具有相对分散的特点，企业运营直接渠道必须承担销售所需的全部人力、物力和财力，特别是对于中小服装企业，开展直接销售渠道会导致企业背上沉重的负担，会给企业的生产经营活动带来不利影响。由于服装企业自身的规模和经营模式所限，大部分服装企业还不能大规模的开展直接销售渠道。在国内，雅戈尔与海澜之家等少数服装企业是运作直营店最好的服装企业。

2. 间接渠道

间接渠道是指服装企业通过流通领域的中间环节把服装销售给消费者的一种渠道。通过中间商分销服装是国内服装企业在销售环节中最常见的方式，基本模式为：生产者→中间商→消费者。间接渠道是社会分工的结果，服装企业通常规模不大，企业资金有限，企业的销售业务通过中间商来完成，同时，也分担了企业的经营风险；借助于中间环节，既增加商品销售的覆盖面，也有利于扩大商品市场占有率。但如果中间环节太多，就会增加商品的经营成本。间接渠道包括经销商、代理商、批发商、零售商等。

（二）销售渠道设计的原则

1. 畅通高效的原则

畅通高效是选择销售渠道时的首要原则。任何正确的渠道决策都应符合物畅其流、经济高效的要求。商品的流通时间、流通速度、流通费用是衡量分销效率的重要标志。

畅通的分销渠道应以消费者需求为导向，将产品尽快、尽好、尽早地通过最短的路线，以尽可能优惠的价格送达消费者方便购买的地点。畅通高效的分销渠道模式，不仅要让消费者在适当的地点、时间以合理的价格买到满意的商品，而且应努力提高企业的分销效率，争取降低分销费用，以尽可能低的分销成本，获得最大的经济效益，赢得竞争的时间和价格优势。

2. 适度覆盖的原则

企业在选择分销渠道模式时，仅仅考虑加快速度、降低费用是不够的。还应考虑及时准确地送达的商品能不能销售出去，是否有较高的市场占有率足以覆盖目标市场。因此，不能一味强调降低分销成本，这样可能导致销售量下降、市场覆盖率不足的后果。成本的降低应是规模效应和速度效应的结果。在分销渠道模式的选择中，也应避免扩张过度、分布范围过宽过广，以免造成沟通和服务的困难，导致无法控制和管理目标市场。

3. 稳定可控的原则

企业的分销渠道模式一经确定，便需花费相当多的人力、物力、财力去建立和巩固，整个过程往往是复杂而缓慢的。所以，企业一般轻易不会更换渠道成员，更不会随意转换渠道模式。只有保持渠道的相对稳定，才能进一步提高渠道的效益。畅通有序、覆盖适度是分销渠道稳固的基础。

由于影响分销渠道的各个因素总是在不断变化，一些原来固有的分销渠道难免会出现某些不合理的问题，这时，就需要分销渠道具有一定的调整功能，以适应市场的新情况、新变化，保持渠道的适应力和生命力。调整时应综合考虑各个因素的协调，使渠道始终都在可控制的范围内保持基本的稳定状态。

4. 协调平衡的原则

企业在选择、管理分销渠道时，不能只追求自身的效益最大化而忽略其他渠道成员的局部利益，应合理分配各个成员间的利益。

渠道成员之间的合作、冲突、竞争的关系，要求渠道的领导者对此有一定的控制能力，统一、协调、有效地引导渠道成员充分合作，鼓励渠道成员之间有益的竞争，减少冲突发生的可能性，解决矛盾，确保总体目标的实现。

5. 发挥优势的原则

企业在选择分销渠道模式时为了争取在竞争中处于优势地位，要注意发挥自己各个方面的优势，将分销渠道模式的设计与企业的产品策略、价格策略、促销策略结合起来，增强营销组合的整体优势。

（三）中间商的类型

1. 服装代理商

服装代理商是代理服装生产企业进行服装销售的运营机构，代理商并不买断其代理的服装，其所代理的服装所有权属于服装生产企业，代理商只是代理企业卖出服装。代理商所代理的目的是赚取提成，其经营活动要受到企业的指导和限制。

2. 服装经销商

服装经销商就是在某一区域和领域拥有销售或服务的单位或个人经销商具有独立的经营机构，拥有商品的所有权（买断服装企业的产品），获得经营利润，多品种经营，经营活动过程不受或很少受供货商限制，与供货商责权对等。

3. 服装批发商

服装批发商是指个体户或公司向服装企业采购服装，然后通过服装批发市场转售给零售商或个人，服装批发位于商品流通的中间环节。如北京的大红门和动物园服装批发市场、上海七浦路服装市场、杭州的四季青、广州的华南服装中心等是国内几大主要服装批发市场。

4. 服装零售商

服装零售商是指将服装直接销售给最终消费者的中间商，是相对于生产者和批发商而言的，处于商品流通的最终阶段。服装零售商的基本任务是直接为最终消费者服务，它的职能包括购、销、调、存、分包、提供销售服务等。在地点、时间与服务方面，方便消费者购买，它又是联系生产企业、批发商与消费者的桥梁，在分销途径中具有重要作用。

（四）服装终端销售

1. 连锁专卖店

专卖的品牌经营店在众多的服装品牌销售中最具亲和力，以其新颖的款式、统一的门户设计、赏心悦目的购物环境赢得了现代人的认可。通过这种模式的经营，既扩大了品牌的影响力又提高了销售额。

2. 大型百货商场

百货商场仍是服装销售重要的渠道。根据中华全国商业信息中心的统计，2010 年 7 月，全国重点大型零售企业实现零售额 352.6 亿元，同比增长 15.62%。其中服装类商品零售额为 76.9 亿元，同比增长 21.05%，同比增速高于整体水平，在零售总额中所占比重为 21.8%。零售量方面，7 月全国重点大型零售企业共售出各类服装 3180 万件，同比增长 11.24%。其中童装和女装零售量同比增速均超过 10%，童装零售量增速更是高达 20.92%，市场需求较为旺盛；针织品类商品零售额为 10.13 亿元，同比增速达 23.17%，明显高于整体零售额增速，在零售总额中所占比重为 2.9%。

以上统计信息表明，尽管各地服装销售渠道发展速度很快，但大型百货商店仍是服装类商品销售的主要渠道，特别是中高档服装和品牌服装的销售，仍然以百货业态为主要渠道。

3. 服装批发市场

目前，就服装批发市场规模来说，全国多家服装批发市场年成交额在百亿元以上。从消费者的需求来看，广大农村地区和城镇的低收入人群是批发市场的忠实客户。其次，作为中低档服装渠道的服装批发市场，整体上具有低廉的价格、丰富的款式、款式翻新快速等优势。

4. 网络购物

截至 2011 年 12 月底，中国网民规模达到 5.13 亿，全年新增网民 5580 万；互联网普及率较 2010 年底提升 4 个百分点，达到 38.3%。网络普及速度不断加快的同时，也带动了服装行业的电子商务。相关研究数据显示，2008~2010 年，网络购物用户规模连续 3 年保持 50% 左右的高速增长。2011 年，网购用户总规模达到 1.94 亿人，2010 年中国网购市场交易规模达 2483.5 亿元，同比增长 93.7%。

国内主要的电子商务网站如淘宝、京东商城、当当等都开设了服装业务，且服装电子商务已经成为网络购物的主要产品。通过网络购买服装，对于服装企业来讲，已经成为不能忽视的方面。服装企业自己也逐渐加入到电子商务经营的行列，如凡客诚品从 2007 年创建之初就通过网络购物平台销售产品。

5. 服装展会

随着服装产业的发展，不少服装品牌把展会作为业务拓展的渠道之一，例如每年北京举办的中国国际服装服饰博览会、上海纺织服装展览会，都会吸引大批服装企业进行参展。在 2010 年中国国际服装服饰博览会上，逾 10 万人的专业观众、20 余个国家和地区的参展商及千余个品牌参展。中国国际服装服饰博览会已经成为服装品牌推广、市场开拓、创新展现、潮流发布、财富创造、资源分享及国际交流的最佳平台。

展会除了具有市场推广功能外，还有销售功能。在展会上聚集了众多的服装品牌和买家，可以谈合作意向，达成经销合同，也可以寻找到加盟商等，其影响力不可小视。除此之外，不少展会也吸引了普通消费者。参展不是目的，后续的跟进服务与市场开拓十分重要，是服装展会成果的一个延伸，使得意向客户转化成为真正的经销商。

四、销售计划制订与执行

(一) 销售计划制订

销售计划是指在进行销售预测的基础上，设定销售目标额，进而为能具体地实现该目标而实施销售任务的分配作业，随后编写销售预算，来支持未来一定期间内的销售配额的达成。销售计划是各项计划的基础。销售计划中必须包括整个详尽的商品销售量及销售金额才算完整。

销售计划的制订，必须根据企业实际情况制订相关的销售计划，必须结合自己的生产情况、市场需求、市场竞争程度、销售队伍建设、竞争对手销售情况等。

（二）销售计划的执行

执行销售计划是指将销售计划转变为具体销售行动的过程，即把企业的经济资源有效地投入到企业销售活动中，完成计划规定的任务、实现既定目标的过程。企业要有效地执行市场销售计划，必须建立起专门的市场销售组织。

企业的销售组织通常由一位销售经理负责，首先合理安排销售人员、资金、计划等，协调企业销售人员的工作，提高销售工作的有效性；其次积极与制造、财务、研究与开发、采购和人事等部门的管理人员配合，促使公司的全部职能部门和所有员工同心协力，千方百计地满足目标顾客的需要，保质保量地完成销售计划。

销售部门在开展销售工作时，不仅依赖于销售组织结构的合理性，同时还取决于销售部门对销售人员的选择、培训、指挥、激励和评价等活动。在服装行业，终端店铺销售人员都是要经过相关的销售培训，才能进入正式岗位工作。只有配备合格的销售管理人员，充分调动他们的工作积极性和创造性，增强其责任感和奉献精神，把计划任务落实到具体部门、具体人员，才能保证在规定的时间内完成计划任务。

本章小结：

1. 掌握服装产品开发的流程。
2. 了解服装生产的流程。
3. 掌握市场细分、目标市场和市场定位。

思考题：

1. 试对一新的服装产品设计产品开发方案。
2. 服装生产的流程包括哪些环节。
3. 如何选择销售渠道。

第四章

服装行业从业人员岗位职业技能与素质

课程名称：服装行业从业人员岗位职业技能与素质

课题内容：服装设计类从业人员岗位职业技能与素质

工厂技术类从业人员岗位职业技能与素质

销售业务类从业人员岗位职业技能与素质

经营管理类从业人员岗位职业技能与素质

课题时间：8 课时

训练目的：通过本章教学，让学生了解服装企业人才的职业技能和素质要求，了解服装专业人才的知识结构要求，在学习过程中做到目标明确。

教学方式：由教师讲述服装企业人才的素质要求，并用案例说明。

教学要求：1. 让学生了解服装企业四类人才的基本素质要求。

2. 让学生了解服装专业人才的知识结构要求，在学习过程中做到目标明确。

作业布置：要求学生通过网络查询、现场调查等方式了解服装企业招聘各类人才的要求。

产销一体的服装企业通常由多个部门组成，如产品开发部、技术部、生产部、采购部、销售部、陈列部，此外还包括人事部、财务部、行政部、仓库物流等，机构全面的企业还会有企划部等，如4-1图所示。

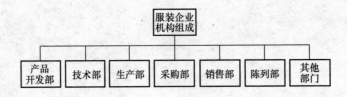

图4-1 服装企业机构组成

这些部门主要由四类人才支撑，即设计类人才、技术类人才、销售业务类人才和经营管理类人才。设计类人才主要集中在产品开发部和陈列部；技术类人才主要集中技术部和生产部；销售业务类人才主要集中在采购部和销售部；经营管理类人才主要集中在销售部和其他部门，如企划部、人事部、行政部等。

了解服装企业的部门和人事结构以及企业对各类人才的素质和职业技能要求，有益于学生明确学习目标，做到有的放矢，增加其就业机会。

第一节　服装设计类从业人员岗位职业技能与素质

服装设计类人才一般在服装企业里担任服装设计师或服装陈列师工作。下面对服装设计师和服装陈列员的素质和职业技能要求进行逐一阐述。

一、服装设计师的素质要求与职业技能

服装设计师是指能够根据时尚流行趋势，进行目标市场定位和品牌策划，并且根据设计理念采用不同的设计手法进行时装设计，兼具创意性和技术性为一体的时装设计人员。一般地，服装设计师的主要业务工作有：按照产品企划的内容开展设计、参与评审确定面辅料、参加样衣鉴定、积极与制板师和样衣工沟通完善设计作品、按期进行市场调研把握流行趋势、收集流行资讯并落实到产品开发中、为品牌营销推广部门提供产品明确的市场定位、流行风格、搭配方案及面料、色彩、款式卖点等。基于上述业务工作，服装设计需要具备以下基本素质和职业技能。

(一) 服装设计师的基本素质要求

(1) 具有服装美学、服装心理学、服装设计、结构、工艺和服装材料学等方面的知识。

(2) 具备良好的时尚感悟力，具有较高的审美修养和创造力，并且有较强的设计与表达能力。

（3）热爱职业、具有吃苦耐劳的敬业精神。

（二）服装设计师的职业技能

在我国的职业技能考评体系中，服装设计师主要分为三个级别，即助理服装设计师、服装设计师、高级服装设计师，下面逐一进行阐述。

1. 助理服装设计师的职业技能

（1）具备时装设计表达的能力：①时装画表达能力，具体地讲就是能进行时装画表达，即能够根据时装选择合适的人体形态及表现方法，掌握时装画人体着装的绘制方法和技巧，能进行时装画面料质感的表现，能进行平面款式图表达。②时装色彩与图案设计能力，就是能进行时装画色彩表现，能进行时装色彩的整体搭配设计，掌握服装图案的表现技法并能应用，能进行服装图案设计。③时装立体展示能力，就是掌握时装立体展示的方法和手段，能进行时装立体展示与修正。

（2）具备时装设计的能力：①会运用时装设计原理，就是掌握时装形式美法则、时装造型要素，能进行时装色彩、图案的设计，能进行时装面辅料选择。②掌握时装设计工作程序，就是能准确理解时装设计定位，掌握时装设计的流程，能对时装设计工作进行准备和实施。③掌握时装分类设计能力，就是能进行职业服、休闲服、运动装、居家服、童装等的时装设计。④掌握时装系列设计能力，就是能进行系列时装设计，能进行系列设计中的配套设计并突出配套设计在系列设计中的重要性。

（3）具备市场调研与信息分析的能力：①市场调研能力，就是掌握市场调研的概念、作用、目的和方法，能够初步进行市场调研的方案设计，能够合理选择调研方法并实施。②资料与信息收集分析能力，就是能进行资料与信息收集并能够对资料与信息进行一般性分析。

2. 服装设计师的职业技能

服装设计师的职业技能需要在助理服装设计师的基础上更进一步，如下：

（1）时装设计表达能力：①掌握通用绘图软件，服装设计师在掌握时装画表达能力的基础上，还要能够运用绘图软件如 CorelDraw 和 Photoshop 绘制时装画和设计服装。②掌握专业绘图软件，就是能够运用专业绘图软件如服装 CAD 绘制时装画和设计服装。

（2）时装设计能力：服装设计师还需要具备以下能力：①跟踪时装流行的能力，就是掌握时装流行的传播媒介、表现形式、规律和制约因素。②进行时装分类设计的能力，就是掌握服装的分类、特征、服装分类设计的要领，进行职业服、休闲服、运动装、居家服、高级成衣等的设计能力。③时装创意设计的能力，就是具备时装设计的创意型思维、掌握时装创意设计的特点，进行艺术化、个性化、时尚化时装创意设计的能力。④时装专题系列设计的能力，就是了解时装专题系列设计的内涵和过程，进行时装设计专题的制定、组稿和初步整合能力。

（3）品牌定位与产品企划的能力：①能从设计角度参与市场营销的能力，就是具备服装生产管理与质量控制的基本知识和服装市场营销的基本知识，能从设计角度参与市场营销。②品牌的市场定位和把握能力，就是了解品牌的概念与内涵，掌握品牌市场定位的重要性、作用、要素，对目标市场进行合理正确的分析、定位和进行时装的市场推广的能力。③产品企划实施的能力，就是了解产品企划的过程、方法以及产品发展规划的地位、作用、内容，能够根据多渠道信息情报综合进行分析与预测，根据设计概念进行产品企划、实施产品企划和开发，面向市场进行产品展示与推广的能力。

3. 高级服装设计师的职业技能

高级服装设计师的职业技能需要在服装设计师的基础上更进一步，如下：

（1）时装设计能力：①创意思维能力，就是具备从抽象概念到具体设计思维的能力。②创意时装设计，就是具备时装设计的独特视角和个性，并进行创意时装设计的能力。

（2）品牌定位与产品企划能力：①品牌与目标市场定位的能力，就是能进行目标市场定位，能分析研究群体特征与服装文化背景，能把握品牌风格趋势发展并进行产品定位。②产品企划的能力，就是能进行每季流行元素与色彩趋势的提炼，能预计面辅料流行趋势，能进行款式系列设计，能进行产品配比和成本控制。③时装展示设计的能力，就是能进行时装静态、动态展示设计。④时装推广的能力就是能领悟时装推广的要领，并制定时装推广策略。

（3）设计创新与项目管理能力：①设计指导与创新的能力，就是能进行事物的创新，能发挥属下设计师的能力，能设计组织环境建设，能进行设计指导。②设计项目管理的能力，就是能恰当地制定设计项目的进度计划，能高效、优质地组织实施设计项目的进度计划，能进行设计项目的人力资源管理。

二、服装陈列员的素质要求与职业技能

服装陈列是依照简洁、统一、焦点的展示规则，以美的或独特的角度将商品展示出来，达到提升商品价值、突出设计内涵、传递品牌文化、树立品牌形象，得到顾客认同、营造卖场气氛、刺激顾客购买、辅助销售的目的。

一般服装企业里，服装陈列员的主要业务工作有：负责执行所在区域产品的陈列设计方案、实施、维护和更新工作；对店铺员工进行货品搭配和陈列知识培训；负责日常对店铺进行陈列监督，并以图片及电话形式进行指导。

（一）服装陈列员的素质要求

（1）具备展示设计、服装设计、人体工程学、绘图、应用文写作、计算机辅助设计等基础知识。

（2）具备建筑内部装修防火规范、合同法、建筑法的相关知识。

（3）具备一定的消费心理学知识。

（4）具备较强的沟通能力、协调能力和团队意识。

（二）服装陈列员的职业技能

1. 设计准备能力

（1）设计调研能力，就是指能完成展览场地勘测和协助完成展品调研。

（2）草案设计能力，就是指能根据设计任务书的要求做出草图方案并进行方案比较的能力。

2. 设计表达能力

（1）方案设计的能力，就是指能根据方案要求绘制三视图和透视图，能为用户讲解设计方案和撰写设计报告书。

（2）深化设计的能力，就是能协助设计师深化设计，能与相关专业人员协调、配合。

（3）绘制表现图与施工图的能力，就是能绘制陈列、展示空间的透视效果图，能绘制规范的施工图及节点大样图。

3. 设计实施与管理能力

（1）施工制作的能力，就是能完成材料的选样工作，能对施工现场进行质量监督和技术指导，能对外协加工进行质量监督。

（2）组装与竣工的能力，就是能协助完成竣工验收，能协助完成组装和竣工现场的实测，能协助绘制竣工图并整理存档图文资料。

第二节　工厂技术类从业人员岗位职业技能与素质

服装企业里的技术人员主要集中在技术部门和生产部门，其岗位有制板师、推板师、工艺师、样衣工、质检员、车工、裁剪工、案工、烫工等，在外加工型的企业还有跟单员。

目前，我国针对服装企业技术人员的职业技能考评主要有服装设计定制工和制板师两类。服装设计定制工共设三个等级，分别为初级、中级和高级。服装设计定制工的初级、中级考评侧重缝制工艺能力，初级、中级服装设计定制工具备成为质检员、车工、裁剪工、案工、烫工的能力；高级服装设计定制工具备成为工艺员、样衣工、跟单员、推板师的能力。制板师一般分为五个等级，即服装纸样设计员、高级服装纸样设计员、助理服装制板师、服装制板师和高级服装制板师。制板师的考评侧重制板、推板能力，持有该证的人员能从事制板、推板工作。下面对服装设计定制工和制板师的素质要求和职业技能做逐一阐述。

一、服装设计定制工素质要求与职业技能

（一）服装设计定制工的基本素质

（1）具备基本的职业道德，遵守职业守则。

（2）掌握服装基础知识。

（3）掌握安全文明生产的有关知识。

（4）了解相关法律、法规知识。

（二）服装设计定制工的职业技能

一般初中文凭的人员只能从初级服装设计定制工开始申报，而服装专业毕业的中职学生则可以直接报考中级服装设计定制工，高级服装设计定制工则需要在中级服装设计定制工的基础上考评。

1. 初级服装设计定制工

（1）制板能力：就是能够按人体标准部位测量人体围度、长度和宽度；能根据女裙、男（女）裤、连衣裙、衬衫等服装的不同款式，合理加放松度，做到基本适体；制板时能合理分配各部位的比例，做到样板画线清晰准确，线条流畅，能根据不同面料的收缩性能，合理加放预缩量；能对所制样板进行核对并进行正确的标注。

（2）裁剪能力：就是能够识别原料的正反面；能识别原材料的缺陷，如疵点、原残等；能按先主件、后辅件、再零件的顺序进行画样，做到不漏划、不错划；能够正确铺料，做到松紧适宜，边齐平服，纱向平直；裁剪过程中能做到裁片边缘顺直、上下裁片不错位、刀口、针眼位置准确、大小适宜；能够根据面料特点选配使用适宜的里料和辅料，做到选配合理、搭配齐全。

（3）缝制能力：就是能够读懂工艺文件和加工产品的工艺要求，并能按工艺标准完成规定产品的制作；能按照女裙、连衣裙、男（女）裤、男（女）衬衫的工艺要求，进行缝制与组合；能按照加工部件的要求，做到缝制到位、线迹直顺、针迹均匀、松紧适宜、平服圆顺，符合产品质量要求。

（4）后整能力：就是能够根据不同面料控制熨斗温度，对产品进行熨烫，使之平服；能够及时清除成品上残存的线头、粉印、污渍等，保持产品整洁；能按照产品质量要求，按顺序检验产品的规格、外观、缝制及整烫是否符合工艺标准的要求；能根据产品的不同要求，采用不同的包装方法，保证产品标识齐全准确。

（5）基本设备的使用和保养能力：就是能够使用与保养平缝机、包缝机、蒸汽式熨斗等设备。

2. 中级服装设计定制工

（1）制板能力：就是能按人体体型及穿着习惯测量时装、女西装、中式服装、马甲等的规格；能根据服装原型的要求，准确测量人体的净体数据；能按照人体体型的不同特征调整测体数据；能根据调整的数据确定制板方案；能准确打制马甲、时装、女西服、中式服装等的基础样板；能打制服装原型基础样板；能依据原型板进行款式变化；能准确核对样板各片之间的长度、围度等比例关系；能合理设置绱袖吃量。

（2）裁剪能力：就是能够识别原材料的缺陷；能按照样板要求，做到排料严谨合理，准确运用纱向，允斜不超过规定；能利用工业系列样板进行排料、画样；能根据工艺要求合理选配辅料；能进行成批裁剪。

（3）缝制能力：就是能够按工艺文件的要求，编制高档男西裤、时装、女西服等的工艺流程；能根据不同面料性能采取相应的缝制方法；能对各缝制部位的质量进行检验；能完成服装制作中重点工序的制作；能在产品加工过程中运用推、归、拔、烫等技术对高档男裤、时装、女西服等进行符合人体造型的工艺处理。

（4）后整能力：就是能根据不同服装品种和不同部位的工艺要求，运用专业定型设备进行产品整烫。

（5）专用设备的使用和保养能力：就是能正确使用封结机、订扣机、锁眼机等常用设备；能对封结机、订扣机、锁眼机、整烫机等进行维护保养。

3. 高级服装设计定制工

（1）制板能力：就是能按人体体型，准确测量男西服、大衣、旗袍等的规格；能对特殊体型的特殊部位进行测量，并做出明确的标注或图示；能编制服装主要部位规格及配属规格；能依据人体号型标准编制合理的服装产品规格系列；能打制男西服、大衣、旗袍等的基础样板；能根据缝制工艺的要求，对样板中所需的缝份、归势、拔量、纱向、条格及预缩量进行合理调整；能按基础样板对特殊体型的特殊部位进行合理的调整；能按照生产需要，打制工艺操作样板；能依据服装产品规格系列对服装全套样板进行合理缩放。

（2）裁剪能力：就是能根据定额、款式、号型搭配和原料幅宽等计算用料量；能针对条格料、压光料、倒顺料、不对称条格料及图案料等，选用合理的排料方法；能按产品批量、号型搭配的数量排料划皮，在额定范围内最大限度地降低原辅料消耗；能利用人体模型进行服装基样的裁剪；能根据服装造型的需要，运用立体裁剪法对男西服、大衣、旗袍等进行调整；能将立体裁剪的样型转化为平面的板型。

（3）缝制能力：就是能按工艺文件的要求和资源配置，组织工艺流程的实施；能根据生产能力，合理调配工序；能按基础板式制样衣；能通过试样对基础板提出修改意见；能根据修正后的基础板制作标样；能根据生产能力组织最佳缝制组合流程，做到分工明确、均衡生产；能及时排除影响正常生产的因素；能按照工艺标准对在线产品进行质量监督检验；能对照标样，对下线的首件产品进行工艺质量鉴定。

（4）后整能力：就是能根据不同服装品种和不同部位的工艺要求运用专业定型设备进行产品整烫。

（5）专用设备的使用和保养能力：就是能使用与生产相关的专用设备；能按设备的使用要求及时进行维护与保养。

二、制板师的素质要求与职业技能

（一）制板师的素质要求

制板师是服装企业技术队伍的主导力量，只有拥有一支成熟、稳定的板师队伍，才能够更好地延续企业的品牌板型风格。制板是一般服装企业里技术含量要求最高的工种，所以一个制板师的培养和成长至少需要 3~5 年，甚至更长。一般企业里，服装制板师的主要业务工作有：负责按照设计师的要求完成每件款式的样板制作；负责指导样衣工制作样衣；负责解决板型与工艺质量问题；负责做好生产款式的推档工作（在某些规模较大的企业里，推板工作可能由单独的推板师完成）；参与生产过程的质量控制工作。制板师的基本素质要求如下：

（1）需要具备服装设计、结构、工艺、人体工效学等知识。

（2）协调沟通能力。服装制板工作是服装产品开发的中间环节，起着承上启下的作用，需要与设计师、样衣工、工艺员合作，所以协调沟通能力尤为重要。

（3）快速接受新事物的能力。随着新材料、新设备的不断产生，服装产品也快速变更，制板师必须具备快速接受新产品、新材料和新工艺的素质。

（二）制板师的职业技能

一般申报服装纸样设计员需要高中或中专学历，申报助理制板师需要大专学历，五个级别的职业技能要求越来越高，但总的来说，从事制板工作的人员需要具备以下基本的职业技能：

1. 分析人体的能力

就是具备人体工效学的基本知识，能观察、分析人体特征，能针对不同体型特点进行制板；能估计人体所穿的服装号型尺寸；熟悉不同国家地区标准人体的基本尺寸。

2. 识别材料及应用的能力

影响服装样板结构的因素有款式、材料和工艺，其中材料的物理性能对服装样板产生较大影响，例如同样一款西服绱袖结构，厚型面料和薄型面料的袖山吃势不同。只有了解、掌握并不断研究各种面料对服装样板结构的影响，才能有效地制作出符合面料特点的板型。所以，制板师要能熟悉各种面料的特征、名称；能根据款式特征合理处理面料的丝缕；能根据不同面料正确选择所需的辅料。

3. 具备读图和制图的能力

读图能力是指制板师能够读懂并分析设计师设计稿中哪些是关键结构线，哪些是为了表现效果的造型线，同时根据人体比例分析服装款式的各个部位比例，并合理设计服装规格。审美能力是一个制板师必备的能力，曾经有这样一句话说"一个三流的制板师可以毁掉一个一流的设计师，一个一流的制板师可以成就一个三流的设计师"，可见制板师的审美能力是多么的重要。制图能力具体地讲，就是能根据设计图画出平面结构图；能根据设计图想象出所需的试衣效果；能正确标出服装各部位的度量法。

4. 纸样放码的能力

就是制图时能根据布料的弹性，能对纸样尺寸大小进行适当的加减；能在基本码的基础上对纸样进行缩放；制板时能考虑工艺特点。

5. 工艺能力

就是熟悉工艺流程；掌握车缝时面料的缩率；了解车缝时所需的知识。

6. 试衣补正的能力

就是能正确分析各种款式在试衣时的优点与缺点；具备针对人体自身的缺点，进行纸样修正的能力。

7. 服装 CAD 的运用能力

现代服装企业大多使用服装 CAD 软件进行制板，所以要成为一个制板师至少需要掌握一种服装 CAD 软件，但因为现在市面上的服装 CAD 软件种类繁多，在校生不可能都学会，所以掌握服装 CAD 软件运用的一般规律，具备举一反三、融会贯通的能力，就能够快速学会新的服装 CAD 软件。

三、样衣工所需具备的素质

（一）样衣工的主要业务工作

（1）按照款式、工艺要求确保样衣按时保质完成。

（2）修正不合适样衣至完全符合样衣要求。

（3）与制板师、工艺员沟通生产工艺，协助工艺员编写产品工艺单，确保大货生产。

（4）做好样衣，完成记录和签发工作。

（二）样衣工的素质要求

1. 具备精湛的整件服装的缝制和整烫技术

样衣工与流水线上的车工不同，综合缝制、整烫技术要求很高，样衣工要能独立完成整件服装的裁剪、缝制和整烫，同时也可为流水线生产服装的质量标准提供可参考的实物标准。因此，样衣工必须具备精湛的整件服装缝制和整烫技术，能及时有效地解决制作工艺上的问题。

2. 能够熟练使用各种服装设备

因为样衣工常常是独立完成整件样衣的制作，所以要求样衣工必须能操作款式需要的各种专机设备。

3. 能读懂工艺单和掌握制板基础知识

认识服装裁片是服装缝制的基础之一，所以样衣工需要有一定的制板基础知识，能看懂款式图和裁片。样衣工需要根据工艺单要求的流程和制作方法完成样衣缝制，所以样衣工需能读懂工艺单。

4. 较强的沟通能力和团队意识

样衣工在样衣缝制过程中需要和设计师、制板师和工艺员进行沟通，并针对设计、样板或工艺设计中可能出现的问题提出建议，这都需要样衣工具有良好的沟通技巧和团队意识。

四、工艺员所需具备的素质

（一）工艺员的主要业务工作

（1）测量工时，编写工艺流程、工艺单。

（2）协助进行开发样品生产计划、技术资料的下发及跟进。

（3）协助解决样衣制作中的技术问题。

（4）负责大货样衣的审核。

（二）工艺员的素质要求

（1）丰富的缝制实践经验。

（2）熟悉服装质量标准。

（3）设计工艺流程的能力。

（4）工业化生产流水线安排经验、工序分析和工时测定的方法。

（5）掌握服装材料知识、服装结构知识、服装设计知识。

（6）能熟练使用电脑及相关软件，设计工艺流程、制订工艺单等。

（7）较强的协调沟通能力、责任心和应变能力。

五、质检员所需具备的素质

服装工厂里的质检员根据其在流水线上的位置分为初检员、中检员和成品检验员。初检员通常安排在面料裁剪之后，进入缝制流水线之前，偏重于产品问题预防，目的是提前发现裁片问题，避免进入流水线后的材料和人工损失。中检员一般安排在缝制流水线中间，关键缝制部位之后，位置较为机动，根据具体款式可调整。成品检验员一般设在缝制流水线之后和包装之前，是工厂控制产品质量的最后一道关卡。本书侧重于成品质检员的素质阐述。

（一）质检员的主要业务工作

（1）对入库前产品的最终总体质量的检验工作。

（2）产品入库前的抽查检验工作。

（3）对后整工段的产品质量进行监控并配合其完成产品的入库工作。

（4）工段质检和后整员工不合格品的质量记录。

（5）定期对工段不合格品的质量统计、分析、汇总和上报。

（6）不合格品的监督和检验。

（二）质检员的素质要求

（1）懂服装面料与工艺。

（2）熟悉服装质量标准。

（3）对品质问题能进行分析并提出解决方案。

（4）较强的协调沟通能力、责任心。

六、跟单员所需具备的素质

一般需要将产品委托其他工厂加工的企业都设有服装跟单员，专门负责外加工产品的生产跟进、质量控制工作。

（一）跟单员的主要业务工作

（1）负责在制单生产进度与问题的协调。

（2）负责与工厂的联系沟通，辅料的发放，货期的跟进。

（3）对公司货单跟踪及查询处理。

（4）对公司客户货单交接处理。

（5）与工厂进行沟通协调，并及时发现、解决生产过程中出现的各种问题。

（6）通过现场监控进行有效的生产管理。

（二）跟单员的素质要求

（1）了解各类服装工艺和流程。

（2）熟悉服装质量标准。

（3）懂服装板型。

（4）熟悉服装材料。

（5）协调沟通能力和应变能力强、富有责任心。

第三节　销售业务类从业人员岗位职业技能与素质

根据中职人才培养定位的特点，本书的销售业务类人才指的是服装零售终端销售业务人员，主要指服装零售店的店长和导购员。

一、店长的素质要求

1. 服装零售店店长的主要业务工作

（1）全面主持店铺的管理工作，配合企业的各项营销策略的实施。

（2）对店铺日常经营状况进行有效分析，达成公司指定的销售目标。

（3）管理店铺货品和导购员。

（4）妥善处理顾客投诉和服务工作中所发生的各种矛盾。

2. 服装零售店店长的素质要求

（1）具有良好的商品销售技能，对消费者的心理具有敏锐的把握能力。

（2）具有良好的处理人际关系的能力、应变能力和良好的信息分析能力。

（3）具备一定的服装搭配、面料等专业知识。

（4）具备一定的销售管理方面的知识和经验，能够洞察服装市场的消费动向。

（5）形象气质佳，普通话标准。

二、导购员（店员）的素质要求

1. 服装零售店导购员的主要业务工作

（1）引导顾客购物及热情接待顾客。

（2）协助店长做好商品陈列工作。

（3）对店内物品要妥善保管，不得损坏和遗失。

（4）及时妥善处理顾客投诉，收集顾客对商品卖场的意见、建议和期望，并将信息反馈给店长，以帮助企业改善经营策略和服务水平。

2. 服装零售店导购员的素质要求

（1）具备一定的服装搭配、面料等专业知识。

（2）具备良好的销售技巧。

（3）有较强的服务意识、良好的表达和沟通能力及责任心。

（4）五官端正，形象佳，普通话标准。

第四节　经营管理类从业人员岗位职业技能与素质

要成长为服装企业的经营管理类人才需要较高的综合素质和丰富的实践经验，作为在校中职学生，了解该类人才所需具备的基本素质，对制定个人未来的奋斗目标有益。总的说来，经营管理类人才需要具备以下基本素质：

1. 战略眼光和敏捷的思维

管理者必须思维敏捷、善于分析判断、有全局观，能进行战略考虑。敏捷的思维是指思想活跃、思路清晰、反应敏捷，能够快速应对各种突发状况。

2. 进取的精神

管理者需要对事业充满必胜的信心，既要有危机感和迫切感，也要积极进取、勇往直前、勇于创新，不为困难所吓倒，也不为胜利冲昏头脑。管理者需要具有远大的目标、刚毅的意志和顽强的精神。

3. 探索的素质

管理者需要具有无穷的求知欲望，顽强的探索精神。要善于研究新情况，解决新问题，总结新经验，自觉地掌握客观规律。在实践中，要敢于坚持真理，勇于修正错误，常有崭新的创意、独到的见解。

4. 行业和企业知识

这些知识大致分成两类：一类是市场、产品、技术等方面的知识；另一类是人文方面的知识，包括主要领导及成功原因、公司文化渊源、历史和制度。

5. 其他素质

管理者还需要有良好的信誉和工作记录、广泛而稳定的人脉，这是个人和企业获得良好发展的条件之一。

本章小结：

1. 无论何种人才都需要具备相关的专业知识和技能。

2. 各种专业岗位都需要协调沟通能力和学习能力。

3. 管理者更需要战略性的眼光。

思考题：

结合自己的兴趣、爱好和特长，思考自己的发展方向，确定学习目标。

第五章

服装展示

课程名称： 服装展示

课题内容： 服装静态展示

服装动态展示

服装表演

课题时间： 6 课时

训练目的： 通过本章教学，让学生了解服装静态以及动态的展示相关知识，学会服装展示的一些技术方法。

教学方式： 由教师讲述服装展示的基础知识及概念，并结合服装展示实例，让学生迅速掌握服装展示的具体方法。

教学要求： 1. 让学生了解服装展示的具体方法及要求。

2. 让学生欣赏服装展示的实例，使学生从欣赏中获得灵感启发。

作业布置： 要求学生搜集服装展示的图片，课堂一同分享。

服装展示是指为了达到某一目的采取不同形式展示服装的活动。服装展示包括静态展示和动态展示。静态展示又包含立体展示（把服装及饰品装饰在人体模型上来展示服装）和平面展示（利用报纸、期刊宣传画刊登服装照片及时装画等展示服装）；动态展示是将服装穿在有生命的模特身上进行展示，即我们通常所说的服装表演就是动态展示。

服装展示在服装设计过程中占有举足轻重的地位，服装设计是一种以追求实用美为目标、以各种材料为素材、以人体为对象，运用一定的表现技法来完成造型、塑造出人体美的创造性行为。服装设计是由人体来展示，设计的目的并不是为了展示，而是通过设计运用空间规划、设置立体光源、选择色彩配置等手段，营造一个富有艺术感染力和个性的表现环境，并通过这一环境，有计划、有目的地将展示的内容展现给他人，力求使观者接受设计者传达的信息。

第一节　服装静态展示

一、服装静态展示概念

服装静态展示是指在一定的环境中有目的地将服装进行相对固定状态的展现，从而传达出设计者的意图，以使欣赏者接受设计师的思想，从而达到展示目的。

服装静态展示在日常生活中随处可见，如在服装品牌店、服装商场、服装展销订货会等场合都可以看到精心设计的服装静态展示的效果。另外，服装的静态展示还可以利用幻灯片、电脑投影仪等高科技手段，更直观地了解服装流行趋势，使服装流行的文化与消费者的审美观念产生共鸣。

二、服装静态展示的意义

服装静态展示是服装宣传、服装营销、服装艺术表现、服装美学展现的重要手段和必要程序之一。随着社会的发展，商业与贸易成为现代展示的重要领域，商业服装静态展示成为最重要、最广泛、最直接的展示手段。在服装商场中，我们看到的色彩缤纷、款式新颖的各式服装都是采用的静态展示，这种静态展示有着各种形式的展现手法，如柜台格叠放形式、挂吊形式、人台穿着形式等，以此吸引顾客瞩目、试穿和购买。图5-1为苏州工艺美术学院学生作品静态展示。

服装静态展示是服装艺术形式的一种表现，它可以使设计师大显身手，在相对固定的各种人体模型上进行创意设计，也可以在一定空间内整体规划、设计、布置出服装整体展示效果。

服装静态展示是服装艺术必不可少的一种常用形式，服装静态展示设计也是服装设计师应该具备的一种专业素质，不仅要求设计师精通服装的设计，还要熟练地掌握环境艺术设计的部分内容，包括环境气氛的营造、色彩学的美学规律、环境美学、光学效应、视觉心理效应等。图5-2所示为2009年上海创意空间展。

图 5 - 1　苏州工艺美术学院学生作品展

图 5 - 2　2009 年上海创意空间展

　　服装静态展示是服装商业的重要组成部分，也是服装商业活动中必不可少的形式。商业服装的目的就是要创造出高额的服装商业利润，最大限度地得到经济回报。所以，商业服装与艺术类服装在许多方面的要求上都有差异，包括展示效果、展示时间、展示地点、展示对象、展示后的效应等，可以说商业服装的主要性质是成衣的属性，而艺术类服装的主要性质是艺术表现与视觉冲击欣赏的属性。

三、服装静态展示的形式

　　服装静态展示的形式主要包括服装商场各种静态陈列，如柜台陈列、吊柜陈列、人台陈列，橱窗陈列；服装贸易展销会中各种服装展览，这是服装静态展示的主要形式；各种服装图片形式的展示，如报纸杂志上的服装图片、服装粘贴画等。如图5-3所示。

(a) 第二十届中国国际服装服饰博览会重庆展厅

(b) 重庆师范大学美术学院2009级毕业设计作品作者：田密

图5-3　服装静态展示形式

由于展会性质不同，展品的陈列方式不同，比较常见的方式大体分为以下三大类，即场景式陈列、专题式陈列和综合式陈列。

（一）场景式陈列

指展品以某种生活场景或情节为铺陈，人台模特穿着服装在场景中扮演某个角色，这种陈列方式因为所表现的场景往往来源于生活中最熟悉的事物，所以能让参观者有亲切感和强烈的共鸣感。例如近几年来在大城市青少年中非常受欢迎和追捧的"COSPLAY"展，都会让模特穿上动漫角色的服装，并模拟造型与场景，使参观的青少年仿佛置身于奇幻世界，既新鲜刺激又充满亲切感。另外，根据不同的品牌定位，设计师可以尽情发挥想象力，在相关场景中充分显示不同风格时装的品牌特色。如运动风格的产品，可运用展台、色彩以及灯光营造高速动感的场景，选用神态夸张变形的人造模型配合造型设计；如果展品服装属于优雅成熟类型场景，可以设置舒适的沙发或华丽的镜子为主体，附加轻柔幔帐或仿古灯台等物，在迷离的灯光下，服装所需体现的感觉就呼之欲出，设计师甚至可以插上想象的翅膀，营造出超现实的场景，给参观者视觉上的盛宴。许多优秀场景式陈列，往往令参观者匪夷所思，但必须注意的是场景营造与展品服装风格之间必须和谐统一，才能给人以美的享受。

（二）专题式陈列

指设定一个专题（如以年代为主题）、某种艺术风格或关键词语来组织展示，所有展品与相关展台设计、色彩照明等均紧扣主题。井然有序的条理感是此类风格展示的最大优势，令参观者印象深刻。许多国外大品牌各个历史时期的服装回顾展经常采用此种形式，曾在亚洲举行的时装回顾巡展 Vivian Westwood 即采用了专题式陈列，以设计年代或风格为主题，分区域进行服装展示，并附以简要的说明，参观者对其设计风格的发展脉络一目了然。专题式陈列服装，一般均要有系列感，比如"魅力亚洲"服装展示则以亚洲各民族传统文化为切入点，在款式细节、色彩上彼此呼应形成统一感。又如婚庆类服装展示，可以以新娘的活动场合分为迎宾礼服、婚纱、喜宴礼服、酒会服装等专题进行布展。

（三）综合式陈列

综合式陈列以不同的服装展品与服饰配件组合搭配并布置在同一展示区域中，这种展示方式没有特定的主题与场景限制，所以设计师的压力相对较小，花费的展示成本也较低，不失为经济的做法。目前国内许多规模较小的展会大多采用这种形式。不过，在选择服装组合时需注意色彩的和谐和对比以及明暗、层次、比例等，尽量给人以赏心悦目之感。另外，为避免在陈列上的杂乱无章，应在众多的展品中挑选有代表性或突出的服装作为主体，鞋、包、丝巾、帽子、花饰等为辅助，做到主次有序。

四、服装静态展示设计原则

1. 以服装展示内容为主

服装展示内容的性质决定着服装展示的形式，任何展示都必须服从展示内容，这是基本的设计原则。如前面所述，服装展示依据其目的可分为商贸展、形象展、贸易协会展等。服装的静态展示也需依其目的和参观者的不同而进行设计，比如生产商订货会与零售商会展的主要受众不同，前者以批发商为主，后者以个体消费为主，两者对于服装品种、数量等的需求是有差异的，在服装展示设计时需据此安排。

2. 以服装展示空间为主

空间划分是静态展示设计的本质，通过展示道具对有限的展示空间进行平面、立体的分割或开放与封闭的界定、对空间功能的隐性划分以及空间动态的视觉效果的把握，从而使展示空间成为有利于吸引参观者注意力、激发参观者情绪和兴趣，并能对其产生深刻影响艺术空间形象。在具体操作中，展示空间在平面功能区划分的基础上，其基本形成脉络、空间造型、尺度仍要细心的把握。服装是构成空间的核心与焦点，设计中要有主次之分，以最好空间位置为中心展台，中心展台是展示空间的主要组成部分，通过奇特的悬挂服装或利用配件饰品等改变和美化空间。总之，静态展示设计要注意与服装协调性、与平面布局的呼应性及空间平面的占有率等，让整个空间设计形成上下呼应、左右连贯、高低错落、富有变化、生动有效的展示环境。如图5-4所示。

图5-4　苏州工艺美术学院国培学院作品展（左）学生作品展（右）

3. 服装展示以人为本

服装展示以人为本是设计师在进行总体规划时，以人性化为主要诉求，在体现主办者意图的同时，融入参观者的需求。其中展示功能区的划分和人流动的设计与参观者愉悦与否关系最大。参观路线走势、人员通道的宽度、展台的高度、照明方式的搭配以及展示区的划分需满足展示、洽谈、人员流动、休息等多种功能。

　　人流通道设计制约着展示的内容，因为人流通道的宽窄取于人流量和人流速度，而人流量与速度则有赖于展示内容。展示内容丰富的区域人流量大、人流速度慢，因此通道所需的面积大；反之，内容简单的区域人流最小、人流速度快，通道所需要的面积小；展厅入口、展带入口和主要展位人流集中，面积需求大；出口、次要展位，人流分散，需求面积相对较小。人流动设计还需要综合考虑人流方向、滞留空间、休息空间等内容。人流方向通常以顺时针方向为主，但规模较大的展示环境也可以采用放射式、岛屿式等形式。但无论何种形式，要避免流动方向复杂，保证流动畅通。因为人流动与展示空间之间互为因果，具有不定性与多变性，在设计中要充分考虑它们之间关系，让参观者得到最大限度的方便。

五、服装静态展示注意事项

1. 突出重点，布局合理

　　服装静态展示如同画一幅美术作品一样，这幅画既要有重点又要有亮点，既要层次分明，又不要喧宾夺主，还要注意构图的合理性、艺术性，因此要重点突出，布局合理。

2. 突出整体效果，组合完整合理

　　要考虑服装整体搭配的协调效果，包括色彩整体协调、服装配件整体设计效果协调。还要考虑服装展示周围的整体效果对服装的影响，这和绘画要求色调统一是一样的道理。因此，要突出整体效果，组合完整合理。

3. 突出个性，富有特色

　　服装展示是一种广告宣传、是一种信息传递，也是设计者的理念反映。因此，在进行服装静态展示时要表现出特有的风貌，有特色才有美感、才有市场、才会被人们青睐。因此，服装展示要突出个性，富有特色。

4. 突出地域文化与环境协调

　　服装静态展示须考虑展示的层次定位（展示本身的层次和参观者的文化层次）、区域环境的因素、地方化特点等，才能达到理想的效果。

5. 突出视觉效果，考虑光源因素

　　千变万化的各种色相在不同的光源作用下会呈现出不同的面貌，这个原理是服装静态展示必须注意的问题。例如，在白天的自然光下和在服装精品屋的灯光下所看到的同一件服装的视觉效果是大不一样的，我们可以发现有不少人在商场里试穿服装时效果很好，但是买回家后发现效果不如在商场里那么协调，这是因为不同光的缘故所致。因此，服装静态展示必须突出视觉效果，考虑光源因素。

六、服装展览设计

　　服装展览设计指在展会上的服装产品是通过用各种陈列道具进行展示的。展览效果因展示道具和摆放手法的不同而不同，可分为平面展览和立体展览。平面展览即是将服装悬

挂在衣架上或平铺在陈列柜上。立体展览则是将服装穿着在各种仿真人体模特身上，以三维立体的方式充分展示服装。服装展览设计是服装展览会成功与否的重要考核标准。出色的展示方案犹如一盘色泽诱人、香气扑鼻的佳肴，往往给人留下深刻印象，参观者可以迅速地领略设计师的理念以及服装所传达出的信息。例如，定期举办的各大时装周或流行趋势的预测发布等，总会在展台布置、表演场景等既定程式方面，让观者有耳目一新的感觉。

自1851年英国在著名的建筑"水晶宫"里举办了第一届国际博览会以后，世界各地便开始追逐博览会的流行了，各类的博览会犹如巨大的多角度折光镜，反映出了人类发展的进程，从而留下了辉煌的历史足迹。

服装博览会或展览会在当今十分盛行，每一次重要的展会总能吸引众多国际品牌、知名企业踊跃参加，并不遗余力地推出他们的系列服装设计与穿着创意。在现代化的今天，人们越来越重视各种大大小小的展览会，服装营销企业尤其突出，这是由于展览活动本身具有独特号召力、影响力及广告效应等，特别是展览会总是以高效传递信息和接受信息为宗旨，这对提升企业形象、获取经济效益有着不可低估的作用。

（一）服装展览设计的本质特征

服装展览设计的特征就其空间创造而言，近乎于建筑和室内设计；就其诉求性功能方面又等同于商业美术；就其表现形式、艺术手段和总体设计方面，它与舞台美术设计十分相似，一般来说，服装展览设计大致具有以下几个特征。服装展览设计的本质特征包括真实性、多维性、综合性、科学性和艺术性。

从本质上来说，商业服装展览设计的目的就是为了促销，是为商家实现营销目标进行最直接、最有效的宣传。将商品摆放在展览场地，客户可以直接了解商品的品种和功能，在一定程度上满足了人们的好奇心和购物欲，这是一种很好的互动与亲切的交流。所以，展览会呈现给了观看者对产品从认知、认可到接受的一个过程。展览会具有涵盖商业机构与消费者的双向作用，不仅仅要注重信息的可靠性、针对性及有效高质地传达各种信息，而且还考虑到各种产品的反馈信息等。所以，服装展览在展示机构和消费群体之间搭起了一座桥梁，承担了相互沟通的角色。通过对展品进行巧妙的布置、陈列，借助于展具、装饰物、可视仪器、色彩、照明手段等，可以营造出特有的环境气氛，很自然地赋予展品一定的艺术魅力，从而吸引大量观看者，唤起他们对展品的兴趣和情感，实现传递信息、宣传展品、树立形象、提高地位和知名度以及达到最终的促销目的。

1. 展览设计的真实性

服装展览一般都是通过实物性的展品来构成展览内容，服装毕竟不是高科技产品，它是大众日常的必需品，每个人对服装的好坏有着自己的评判和感觉。我们常说服装艺术是大众艺术，是人人参与的一种活动。从这个方面考虑，服装展览就要考虑服装的大众性和真实性。真实性包括可以试穿、可以触摸、可以咨询、可以与厂商面对面地交流与沟通等，所以说服装展览是以真实性为主要前提的。

2. 展览设计的多维性

展览场所、展览品种、观众时间等是服装展览设计中的基本要素，他们之间的组织关系即表明展览的空间具有多维和多元的性质。在这个空间里，观众是以"流动—停留—流动"的动静相间的方式来观赏展品的，这比平面广告或者音响型广告的单一传递方式要明显地具有多维性。

3. 展览设计的综合性

服装展览设计涉及许多知识，如市场营销、消费心理、预算、建筑空间、视觉艺术、色彩学、美学、光学、电学、听觉艺术、美学心理、社会学等方面的知识，还需要具备包括营销管理、现场演示、多种可视仪器的使用、装饰设计、照明技术、展览整体策划、美术技能等方面的能力，所以说，服装展览设计具有综合性特点。

4. 展览设计的科学性和艺术性

服装展览设计强调以市场的需求为依据、以策划为主导、以创意为中心、以促销为目的，其方法过程本身就具有很强的逻辑性和科学性。艺术性则表现在必须以美的形式来展示展品。

(二) 服装展览空间设计

1. 展览空间性质

展览空间设计是服装展览设计的重点和核心，是体现展览形式与风格的主体。各种造型活动都要以空间为依托，如雕塑、绘画、行为艺术等。但展览空间又有所不同，它如同建筑空间，人可以进出其间，并且能感受它的优劣、体会它的功能。因此，展览空间实质上是由场所环境或者物体同感觉它的人之间所产生的一种相互关系。

2. 服装展览空间分类

服装展览空间主要是由公众空间、信息空间、辅助空间等组成。

（1）公众空间是指展览环境中的通道、走道、休息场所、卫生场所、服务场所等，它是供公众使用和活动的区域。

（2）信息空间是指服装陈列的实际空间，是体现展览空间造型的主要部分。信息空间是设计的一门艺术，每个空间都有自己的故事，体现了设计师的独特构思。设计师通过把握人们的心理情景转换，让参观者感受到一种自我存在和一种情感触动。信息空间设计必须具有一定艺术美，实际上就是服装艺术品陈列室通过对服装及相关产品的合理搭配来展示服装美的。这种艺术性是衡量企业经营者文化品位的一面镜子，是体现企业经营文化的一个窗口，是展会的脸谱，别具一格信息空间设计能提高顾客关注率，吸引顾客眼球引发顾客兴趣，产生购买欲望，进而达到商业与艺术完美结合。

（3）辅助空间是指顾客与展商进行交流、接待空间和专为工作人员休息和模特换装、卸妆、音响设备操作的专门空间以及储放展品、样品或者宣传册等物品储藏空间。

3. 服装展览的平面空间设计

服装展览的平面空间设计是体现整个展览规模区域划分和局部构成的蓝图，是进行后续各项设计工作的重要依据。平面空间设计应根据展览的目标、内容和主题等设计要求，合理地分配和经营所有区域的平面空间布局，为立体空间造型或者陈列形式提供有效合适的空间配置，如图5-5所示。

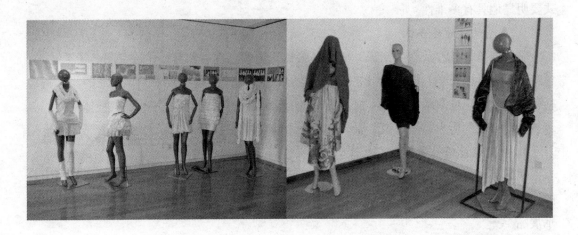

图5-5　苏州工艺美术学院学生作品展

（三）服装展览设计要素

服装展览的设计归纳起来有四个方面：人员、物品、时间和场地。

1. 人员

人员指服装厂商和前来观看的客户。设计者必须对企业展览计划、目标、内容等基本情况（资料、数据）有所了解。另外，还要研究观看者人群的生活状态、消费能力、购买欲望和心理冲动等情况。

2. 物品

物品主要指展览品，它是传播展览信息和实现展览目的的载体。它们具有各自不同的性能、用途、尺寸、质地、数量、形状、色彩和组群关系、品牌关系，展品中有的是立体的，有的是平面的，有的材料是柔软的，有的材料是硬木质的，有的带有弹力松紧效果等，对这些展品的基本性质和物理性能进行较系统的研究和了解，有利于展览布置的效果。

3. 时间

时间包括设计和制作时间、展览时间。设计者要精心安排好设计制作时间，如什么时间完成设计方案、什么时间完成制作准备工作、什么时间布置展览、什么时间撤展等都要严格计划好。

4. 场地

规模是指展览占地面积尺寸、平面形状等。所处位置条件指空间是否在参观主线上还是辅线上。空间界面条件是指地面、砖面、顶面的环境条件和柜架的高度以及具体展览道具等情况。设备条件是指展览场所的自然光线和人工用光的条件（空气流通、防晒、防潮、电源、水源、空调装置等）。展览场所是一个相对复杂的空间，对场所的了解不能只在图纸上看，要进行现场实地考核、测量。

除了以上四个要素之外，更重要的设计要素是经费问题，因为经费的多少直接影响到一系列展览运作规模大小、设施配备好坏、材料的选择、人员配备等。

第二节　服装动态展示

一、服装动态展示

服装动态展示是指服装穿在人体后，人与衣相结合的活动展示，包括通过视频、Flash图片、3D制作的专用图像等手段来连贯地全方位展示服装。服装动态展示向观众展示平面的服装在人体上的立体效果，随着人体走动和姿势变化，服装变得生动鲜活起来。动态展示将人体和服装合二为一，能充分展示服装穿着效果。因此，服装既要符合人的动作需要，又要满足人的心理需要。

二、服装动态展示的特点

1. 可动性

动态展示是由模特在T台上行走完成的，通过模特的展示能够将服装的面料、款式、色彩等清晰准确地展示给观众，能够真正体现出服装功能性。因此，服装在运动状态下才能展示出最佳效果。

2. 生活性

指身着某种具体款式服装在舞台规定的情景之中充分利用道具的功能，完成生活化的情节，以此进行服装的表演。

3. 创造性

设计合理的表演要在表演中创造焦点，观众的注意力会因此集中到编导所要强调的特定服装或者流行趋势上。服装编导要进行编排工作，编排过程就是设计过程，设计就需要创造。因此服装动态展具有创造性。

4. 传递性

在动态展示过程中，模特通过走台、转身、亮相等肢体语言和生动的表情将着装后的感觉、感受传递给观众，使观众能够直观准确地接受模特传递出来的服装信息，从而使观众加深对服装的了解，增加购买欲。因此，服装动态展示具有传递性。

5. 综合性

服装本身具有很强的综合性，技术与艺术的结合，它不仅是一件商品，还是一件艺术品。服装展示综合了音乐、舞台美术、舞台灯光等多种艺术形式。

（1）音乐：是服装展示不可缺少的构成要素，音乐的意境感、表现力和想象力可以限制观众的想象范围，引导观众欣赏的思路，启发观众对服装设计个性的理解与联想。优美的旋律可以充分表现出服装本身的内在韵味，同时对表演起到烘托气氛的作用，让观众和表演者感到兴奋和愉快。

（2）舞台美术：舞台美术设计主要是指舞台背景、台面、周围环境的装饰与舞台造型设计，在整体设计时要以突出服装风格为原则。具有吸引力的舞台美术设计不仅可以突出表现一台服装表演的主题，还可以起到提升演出场所形象的作用。

（3）舞台灯光：灯光是一种艺术语言，T台上的良好灯光可以让服装展现出最佳一面，通过光的变化可以烘托舞台的气氛，还可以突出整个表演主题。光能够突出服装的肌理、层次和造型，表现模特美丽的容貌、柔滑的肌肤、优美流畅的身体线条，可以烘托气氛、分割时间与空间。利用光的变化，还可以控制欣赏者的节奏和范围，让时间流动起来，提高欣赏的艺术氛围。

6. 灵活性

服装展示具有灵活多变的变化特点，因为展示的性质、目的、对象不同，表演的场地、环境也会随之发生变化。服装商场可根据自己商场的条件和展示的服装性质来确定展示形式，达到让观众接触服装、了解服装、喜欢服装的目的。因此，服装动态展示具有灵活性。

三、服装动态展示风格

服装动态展示涉及舞台美术造型、化妆、音响、灯光等诸多门类，呈现给观众的是一门综合的艺术形式，其风格也各不相同，归纳起来主要有以下三种。

1. 基本风格

基本风格展示是指经过无数实践被最终确定最具"价格化"的展示方式。它的优点是花费的脑力、金钱或成本较低，可使参观者的兴趣更多地放在服装本身，许多成衣发布会多采用这类形式。它的缺点是对于追逐新鲜潮流的年轻人会丧失一定吸引力，缺乏亮点定位，保守老成。因此，基本风格的表演通常只是在模特的走台路线或者造型编排上做一些变动。但是如果编排紧凑，走台路线打破常规的话，也能给人耳目一新的感觉。

2. 戏剧化风格

戏剧化风格这一展示形式通常会以戏剧化的情节串联整场表演，模特分别演绎剧中人物角色，通常会有承上启下、承前启后高潮迭起的节奏。因此，观众的情绪会随着此类表演跌宕起伏，与剧中人物有较强的共鸣。戏剧化的展示与高级服装奢华的款式相得益彰，加上梦幻般的舞台美术设计，整场表演会让人有惊奇之感。采用戏剧化风格的服装表演需注意把握好表演与服装展示的分寸，以免喧宾夺主。较为明智的做法是撰写戏剧表演的某个片段，打破逻辑的完整，给观众以较大的想象空间。

3. 先锋派风格

在普通人眼里被视为出格的艺术都可归为先锋。一些以张扬个性著称的设计师在服装表演的编排上也不乏惊人之举，也被媒体冠以"先锋派"。例如，英国设计师亚历山大·麦克奎因和西班牙设计师胡塞因·查拉扬，两者都是以令人惊叹的创意与深厚的艺术积淀闻名于世。同时，他们的服装表演也因为出人意料的方式而让人津津乐道。一次麦克奎因在舞台正中摆放了一个巨大的玻璃橱，里面有一个浑身插满管子的肥硕裸女模特，模特妆容苍白诡异并且缠裹着绷带式的头饰。整场秀给人阴暗颓废的暗示，凸显服装的主题。而查拉扬的表演则在平淡中点缀许多惊喜，如一个模特手按遥控器，只见另一个模特异常贴体的木片裙子在遥控下缓缓张开，露出里层的纱裙，这一匪夷所思的创意，自然让观众对高超的服装技巧叹为观止。

四、日常行为着装动态展示

(一) 职业装的展示法则

1. 工作服展示要端庄理性

工作服指无特殊规定的职业装，多数是在各类企事业单位、机关单位等供职的文职人员工作时穿的服装。有些较自由宽松的工作场合，如设计艺术公司、美术馆、高校等工作服装比较随意。在工作服中，女性常以裙或套装为首选；男性多以西服、衬衣、领带出现。虽然有的公司对员工的着装没有特殊规定，但工作高效的现代办公环境已对员工的穿着提出了一些约定俗成的法则，如女性不可穿开领过低、袒露过多、透明度大的服装等。从穿着场合出发，工作服的展示（这种展示带有自然性质）不能过分标新立异，追求前卫。男性注意衣着整洁的生活展示，女性适当化淡妆，注意强调形式美的服装展示。这些都是敬业与礼貌的体现，也是热爱生活的表现，如图5-6所示。

2. 制服展示要鲜明得体

制服是个别企事业、机关单位、服务行业等以容易辨别等为目的，按照工种职位、职务等不同而制定的职业服装，如宾馆、酒店、执法行政部门、娱乐场所、服务行业等。由于制服的统一规范性，穿着者展示庄重、严肃的企业形象，也代表所在单位威严。需要注意的是穿着者展示行为不能随心所欲地增添、删减或者交换搭配，要装扮得体规范、淡雅庄重，如图5-7所示。

3. 商务服展示要高尚大方

商务服是员工在工作时间内为出席某些较为正式的商务活动，如商务宴请、商务外事活动等穿着的职业服装。员工穿着的整体装扮不仅要代表自身企业形象，还要体现自我在

图 5 - 6　西安工程大学 2007 年毕业设计动态展 1

图 5 - 7　西安工程大学 2007 年毕业设计动态展 2

商务活动中的角色及作用等。商务服是高级职业服，它有别于工作服和制服，一般商务服面料高档、做工精细、款式大方、色彩淡雅。商务服可以专门定做，也可以自行设计装饰。

（二）休闲运动服装和职业运动服装展示

1. 逛街服装展示既要随意又要有创新

逛街是不少人最喜欢的一项都市人健身休闲活动，尤其是女性。上街时穿的服装没有什么规定法则可循，从流行款式到流行色彩，完全可以大胆创新组合，穿出个性和风格，但前提是舒适。

2. 运动服装展示既要强调健美，又要留住青春

现在人们工作生活压力越来越大，人们更多关注健康，运动变得越来越受人们的重视和欢迎。运动有职业的和业余的，有的喜欢在户外运动场、公园、居住小区等运动，有的喜欢在室内健身馆进行运动。而专业运动会上所进行的标准运动比赛则属于职业运动，如游泳、骑马、射击、踢足球、打篮球、拳击、跑步等。无论是职业的还是非职业的，运动都需要穿着适合运动项目的服装，这些运动服装的共同前提是必须满足相应运动自如伸展的要求，如图5-8所示。

图5-8　西安工程大学2007年毕业设计动态展3

3. 家居服装展示既要温馨又要舒适

家居服装要以舒适为先，面料要保健、色彩要温馨。随着生活质量的提高，家居服分得越来越细了，出现了不同类型，如接待服、睡衣、浴袍、泳装等，家居服既可以在起居室穿着，也可以在室内接待较熟悉的朋友时穿着。在家居附近的草坪、阳台等处穿着也是常见的现象。睡衣的裸露程度较大，一般只是在卧室内穿着，而不在室外穿着。浴袍是在浴室内穿着的，也可以在泳池边穿着。家居服的面料要考虑到对人体的健康作用，以棉布、绒布、针织布、丝绸等为常用面料，如图5-9所示。

图 5-9　西安工程大学 2007 年毕业设计作品

4. 旅游服装展示既要简洁又要实用

观光旅游、商务旅游、短途旅游、长途旅游等任何一种旅游都会带给人们特别的感受。由于旅游本身具有运动的性质，因此，简洁实用、适于运动是旅游者选择服装的要素。

5. 歌舞蹦迪服装展示既要超前又要夸张

一些娱乐休闲活动场所是一个展现时装的大舞台，因此，服装展示可以选择具有前卫性质的造型、色彩等，如吊带裙、超短裙、性感装束、兜肚装经过改装后别具特色，运用不规则色彩、图案在配件上也可以标新立异。

五、服装动态展示的方式

1. 开场与上台

动态展示最重要的部分就是开场。怎样在表演一开始就能抓住观众的注意力，并使观众迅速融入表演中，这是一场表演获得成功的关键。整个表演场馆的灯光骤然熄灭，嘈杂的声音也逐渐平息，近光灯打在舞台入门处的模特身上，随着光线慢慢转亮，几位模特或者多位模特走上伸展台，这时的服装、音乐以及舞蹈都要有协调之感。服装表演和戏剧表演最大的不同就是戏剧表演是逐渐递进，慢慢达到高潮，再渐渐行缓并收尾。而一场服装表演则要重点强调其开场与终场，如一场主题活泼的休闲服装表演，可采用一种非常引人入胜的开场方式，让多个模特穿上色彩明快的服装，随着节奏感和乐曲登场；或者以街头的某种场景，让模特随音乐逐个登场，突出同一系列服装以及模特的协调与个性。另一种常见的开场方式是在模特未出场时音乐响起，追光灯或者激光照射在背景板上，让幻灯片、录像或者多媒体的影像装置等产生光怪陆离的效果，这样既能在模特进入伸展台之前取悦观众，而且背景板上的影像可针对主题，让观众对设计师的构思理念有个大致了解，或者撷取一些有意味的图像烘托秀场气氛。每场演出可以使用相同的开场方式，或者预先设计好几套方案循环使用。

2. 步伐、转体与造型

编导要具体指导每个模特表演的步伐、转体与造型需要出现在展台的哪个位置。虽然可以让每位模特以同样的方式进入舞台转体，然后退出，但一成不变的表演模式会让观众感到单调。要激起观众的兴趣，表演模式及模特动作应当具有多样性。编导可以设计模特的转体与造型，并决定她们在展台的哪一个位置做这些动作，一个简单的方案可使用三四套不同的常规动作，然后根据情况穿插使用。

3. 线路设计

设计合理的表演线路可以在表演中创造亮点。编导可以画出示意图来设计好线路，线路数最好不要太多，以免使模特及工作人员感到慌乱。可以给线路标号，在后台将标号和每个模特的服装放在一起。这样在正式表演的时候模特对于自己要行走的线路心中有数，不会混乱。设计合理的线路，不仅能吸引观众，还能给表演增添生机与活力。

4. 模特的分组

用不同模式将模特分组，会增加服装表演的趣味性和多样性。两位模特穿着相同的或者互补的服装走向伸展台能产生重大的影响力，这样的重复可以帮助观众记住服装款式。两个或者更多模特同台演出时，左边的模特起领头作用。从面向舞台的观众角度来看，其他模特要与领头模特保持步调一致，配合领头模特的表演。多个模特组合方式变化无穷，让两个、三个、四个或者多个模特出现在伸展台上是服装表演经常采用的模式，这种方式在表演时比较复杂，但向观众展示出不同颜色、不同款式的服装会更加有趣。不过，大量模特需要进行更多的排练和更多的试装协调。在选择服装过程中，对业余模特进行分组协调时要特别小心，要注意模特所在的组别、所需穿着的服装。展示横条服装的服装表演中，导演让娇小玲珑、曲线突出的模特和高挑苗条的模特穿上同样的服装，目的是以不同的互补色彩展示同一类服装，虽然每个模特配上这样的服装各自看起来都很美，但走在一起，这些不同身材的模特却不能达到导演预想的效果，反而导致了负面影响。

5. 退场

离开伸展台或者舞台时，模特可以停下来、转身、停顿，然后摆个造型，让观众最后看一眼展示的服装。模特的个人魅力可以通过一些特别的造型或者特殊的退出方式体现出来，整个方案应包括如何安排模特进出舞台区域。第二个模特将入场时，第一个模特是否要停留在舞台上也必须确定下来。有些表演采用一种特别的方式暗示模特离开,这时舞台灯光转暗以暗示模特的退场。舞台与后台都在灯光师的视野之内,他能看到什么时候下一个模特已经准备好了,这种简单而有效的暗示就能使模特的上下台有一个连贯的转换,不会让观众觉得转换得过于突然。

6. 终场

终场演出的一个基本指导思想就是把最好的东西留到最后,也叫压轴。终场表演的服装或者要表现的主题或许能引发出创意性结尾,如拿气球、抛掷彩带或五彩纸屑,体现出一个欢庆或者节日主题。每场表演的结尾应当统筹安排,要有一定的力度,让观众感到愉快,为之鼓掌,因为这是留给观众的最后印象。终场展示的服装本身相当引人注目,不是典型华贵的晚礼服就是婚纱。最好的终场就是让所有模特穿着他们最后上场的服装回到舞台上,能让观众重见表演中展出的优秀的服装。这种终场得益于大量的模特,通过他们在舞台上的表现给观众留下印象。每个模特在舞台上都能找到自己位置,然后恰到好处地转身离开。他们可以一个接一个地退出,也可以一组接一组地退出,特殊的舞台布景可以用来突出终场表演,如图5-10所示。

(a)重庆师范大学美术学院2008级贾涛参赛作品

(b)重庆师范大学美术学院2008级张洁参赛作品

(c)重庆师范大学美术学院2012级高宇参赛作品

图 5 – 10　重庆师范大学美术学院学生参赛作品展

第三节　服装表演

一、服装表演

服装表演是指模特穿着设计的服装走秀，是服装动态展示的主要形式。设计师根据自己对自然生活的感悟，从而设计出各种各样款式的服装，选择合适的面料和款式进行裁剪定做，让模特在 T 型台伴随音乐有节奏地进行表演，从而展示其创造的主题和表达设计师设计意图。

1. 服装表演的起源

服装表演是 14 世纪末流行于法国宫廷的一种风俗。1391 年法国国王查理六世的妻子伊莎贝拉发明了一种"人体玩偶"，王后给"人体玩偶"穿上时髦的服装，然后将它作为礼物送给英王查理一世的妻子安妮王后。这种"时装玩偶"就是真人服装模特的原型。1896 年英国伦敦举办了首次玩偶时装表演，获得了极大的成功。1896 年 3 月创刊于 1892 年 12 月的著名 *VOGUE* 杂志，在纽约举办了为期三天的玩偶时装表演，这是一场义演，在时装表演史上被称为"Model Doll Show"。这种玩偶时装表演可以被认为现代服装表演的起源。

查尔斯·弗雷德里克·沃斯不仅开创了法国高级女装业，还是第一个真人服装模特和真人服装表演的创始者。1845 年，沃斯在法国巴黎的一家时装专售店工作，他设计了一款新颖的披巾，可是顾客怎样才能看到披巾的美丽并愿意购买呢？当时服装店内有一位女营业员叫玛丽弗纳，身材较好，青春美貌。沃斯经过考虑要求玛丽弗纳披上他设计的披巾在实际展示中销售，结果生意非常好，披巾被抢购一空。就这样玛丽弗纳小姐成为世界上第一位真人服装模特，后来玛丽弗纳成为沃斯的夫人。1858 年，沃斯与他人合作在巴黎开了一家自己的服装店，他在自己的服装店里常用真人服装模特展示他设计的服装作品，这就是服装表演的起源。

2. 服装表演在我国的发展

在 20 世纪 30 年代，上海是我国最早有服装表演的。1930 年 10 月 9 日，美亚织绸厂为庆祝建厂十周年，由美国留学归来的总经理蔡声白先生组织，在上海大华饭店以展示本厂绚丽多彩丝绸面料为目的的服装表演，这是中国历史上第一场真正的服装表演。当时的《申报》为此进行了连续三天的宣传报道，政界商界要人及社会名流都前来观看，出席的观众人数达千人之多，在当时引起了轰动，之后美亚织绸厂成立了服装表演队。1979 年皮尔·卡丹带领 38 名法国模特和 4 名日本模特到北京、上海举行了服装发布会，这是新中国成立以后在我国境内较早的一次服装表演。1980 年由上海时装公司率先成立了新中国第一支服装表演队，这是我国服装表演史上的又一个突破，由此诞生了我国第一批专业服装模特。1989 年苏州丝绸工学院（现苏州大学）开始正式招收服装表演专业的大学生。国内第一批服装表演专业的大学生从此进入了高等教育的殿堂，由此拉开了国内服装模特与服装表演高等专业教育的序幕。之后上海中国纺织大学（现东华大学）、北京服装学院、西北纺织工学院（现西安工程大学）、郑州纺织工学院（现中原工学院）、武汉纺织工学院（现武汉纺织大学）等相继开设了服装表演专业。

3. 服装表演的目的

服装表演包括服装艺术性表演和服装商业性表演，艺术性的服装表演是以娱乐为目的，它主要强调艺术性、观赏性、娱乐性，服装的设计注重造型的夸张性、文化性、原创性、新奇性，不太考虑服装的实用性、舒适性。艺术性的服装表演与成衣设计表演有很大的区别，以娱乐为目的服装表演不用考虑服装成品批量生产的效率、工艺安排等，如中央电视台举办的春节联欢晚会中的服装表演节目，就属于以娱乐为目的的服装表演，设计服装时只需要考虑观赏性，无需考虑服装商业营销因素。

服装表演既有艺术性又有商业性，为服装的商业运作而策划的服装表演，其艺术表演性相对要差一些，如服装订货会上的服装表演，有吸引客户的目的、有推广自己品牌的目的、有引导消费的目的等。商家不仅是为了展示企业的服装新款式，更是要利用机会促销自己的产品，最终赢得利润，这才是商业表演的真正目的。归纳起来，商业用途的服装表演目的主要有：①引导目的，如国际上常常举办的季节性流行服装发布会等，这类服装表演一般都带有明显的引导目的。②广告目的，主办方将服装表演视为一种广告形式，用这种形式来宣传推广自己，这类服装表演是以做广告为主要目的。③展示目的，服装表演还有以展示为目的的，它展示的是一种设计理念，而不要求商业促销。④影响和张扬目的，以制造影响为主要目的，注重制造表演的轰动效应，给人留下非常深刻印象。这样的表演往往具有很强的挑战性，挑战着人们思想观念，冲击视觉，震撼心灵。

二、服装表演技巧

(一) 服装模特组合技巧

　　组合是服装表演技巧的主要内容之一，也是编导重点要考虑的表演内容，包括个体组合、整体组合、配件组合、年龄性别组合。

1. 个体组合

　　个体组合包括多人着装组合表演，单系列服装组合表演，多系列服装组合表演等，设计师要根据服装的特点和要求合理策划舞台的表演效果。其实，舞台表演是一幅优美的画面，有音乐、五光十色的灯光，有动感。有的服装成系列效果后，效果抢眼，一旦分开组合，表演效果将会大打折扣。因此，系列服装在舞台上就需要系列表演，系列组合造型，用艺术的手段来最大限度地发挥其美感。但是，有的服装则需要单套表演，这样可以使人们的视觉集中，充分观赏。值得注意的是，单套表演时要选择好灯光和音乐，如图 5 - 11 所示。

图 5 - 11　西安工程大学 2012 年毕业设计动态展

2. 整体组合

服装表演是一个整体过程组合，将这个整体的过程分割与衔接完美并不是一件容易的事，它需要编导和服装设计师有较高的综合素养和优秀的专业素质。具体地说，就是需要选择合适的模特、美妙的灯光设计与变化、动人的音乐节奏等，并使他们统一协调为整体。

3. 配件组合

服装是人着装的状态表现。服装表演既是动态的展示，又是动态的组合，所以，在表演时还要特别设计有关的服装配件，包括舞台道具等，这样才可以完美地体现服装含义。

4. 年龄性别组合

服装表演形式很多，有单性别的服装表演，双性别的混合服装，还有单独青年装表演、童装表演以及多年龄混合服装表演等，不管哪一种形式的表演，都要注意整体的策划，要有艺术感染力，舞台效果要美。

（二）服装表演造型技巧

服装表演是以表现服装为目的，不同的动态展示有不同的视觉感受，不同舞台服装、人物造型给人的视觉影响和心理反应也各不相同。在表演时，需要注意模特的动态造型要求，每个造型都要表现出人体与服装的关系，并且与舞台环境组合要协调，同时还要遵循服装设计师的表现意图等。在进行动态设计和造型设计时还要考虑三个必需的要素，即服装展示效果、人物动态美和整体组合美（包括模特与模特组合、造型与舞台、灯光等和谐美）。

（三）模特着装和谐技巧

"量体裁衣，人衣和谐"，这是从实用到美学、从结构设计到表现效果的基本要求。服装的动态表演更应该如此。编导在组织模特试穿和确定服装穿着的过程中，必须要征求服装设计师的意见。如果编导与设计师意见不一致，应该以设计师的想法为先。

（四）艺术性夸张技巧

服装表演是一种舞台行为艺术，每个服装模特一般要求身材比较高、腿比较长、颈部比较长、三围比较协调的。一方面因为高个子在舞台上比较容易全面地展现服装的风格和造型，另一方面也是艺术夸张的需要，艺术需要夸张，需要张扬。因此，舞台上表演的服装也需要夸张，否则舞台效果将会失去生机和客观性。服装表演中的艺术夸张是必要的。

（五）引导与暗示技巧

每一场服装表演都是有主题的，这个主题往往决定了服装表演的引导方向。这一主题也是对服装表演的一种要求，要求表演要有针对性，要有方向。从具体的方面来说就是舞台表演的现实引导，用具体的服装、具体的表演形式来教育和影响观者，通过服装表演的形式传递出一定的信息，告知人们服装的流行或即将流行的可能，暗示有三个含义：一是信息的传递，包括流行、时间、场合等；二是观念的诱导，包括着装的观念、着装方式、对着装的审美等的侧面表述；三是服装功能的作用发挥诱导，包括情感的、道德的、法律的等。所以在进行服装表演策划时，需要考虑表演中的引导与暗示的内容。

（六）服装表演的节奏技巧

服装表演是一种艺术形式，也是一种商业营销手段。不管是艺术还是商业，服装表演要使观众接受表演的服装与内容。要让观者在整个观看表演的过程中得到一种美的享受，接受和赞叹服装，这都需要艺术地设计表演过程的节奏，并且一场服装表演还要有重点的内容，要有音乐节奏的变化。音乐的变化要紧密地与光源的设计相融合，整个过程要有张有弛。一场服装表演就是对一个整体舞台中的人物、服装、光源、音乐等组合策划过程，这个过程的设计要考虑节奏感。服装表演不可从头到尾都平平淡淡的，没有重点，没有亮点。要防止全场轰轰烈烈，要克服死气沉沉的。因此，要巧妙运用节奏技巧。

三、服装表演的五大要素

服装表演的五大要素：服装、模特、舞台、音乐、灯光。

1. 服装

服装是服装表演的根本，表演是了展示服装、表达设计师的设计意图。因此，是先有服装设计后有服装表演，没有服装的存在就没有服装舞台动感。

2. 模特

服装模特的魅力主要是由"艺术人体"产生的，而艺术人体是对"自然人体"重塑的结果。没有优秀的模特就没有优秀的服装表演，一台世界级名模的服装表演与业余模特的服装表演，会形成天壤之别的效果。有魅力的服装模特所产生的艺术感染力和审美吸引力，常常是无法估量的，这就是模特"艺术人体"魅力。表演艺术的"自然人体"是具有一定标准要求的形体。从身高，腰、胸、臀三围尺寸以及脸部肌肤等都有明确的要求。模特是以形体和动作为主要表现手段，都是有审美功效的。

3. 舞台

服装表演舞台是一个比较宽泛的概念，舞台的设计要根据服装表演的性质和目的来进行，服装表演可以在露天广场进行、可以在大型商场柜台前进行、可以在宾馆进行、可以在剧院进行、可以在长城上进行，也可以在服装商场的滚动电梯上进行。总之，服装表演可以在许多场合进行。一般来说，服装表演舞台多以"T"型出现，这也是一种比较传统的设计，因为"T"型舞台比较适合展示动态的服装，并且观者能够比较近距离地接触和感受表演。

4. 音乐

音乐的选择一定要根据服装的特点造型、风格等来定夺，不可轻率地选择音乐。因为服装给人以视觉冲击的同时，音乐也在给人以听觉上的冲击，这些冲击是同时进行的，也是一个整体组合。所以，音乐选择的恰当与否直接关系到人们对时装的感受。音乐是专业服装表演不可缺少的内容，成功的服装表演是需要营造一种良好的气氛，这也是对设计的负责和对观者观看服装表演的重视与尊重。

5. 灯光

良好的灯光效果可以让服装动态展示表现出最佳一面，可以烘托舞台气氛，还可以突出展示主题。

本章小结：

1. 服装静态展示，设计原则：①内容为主；②空间为主；③以人为本。

2. 服装静态展示形式及注意事项。

3. 服装动态展示特点：①可动性；②生活性；③创造性；④传递性；⑤综合性；⑥灵活性。

4. 服装动态展示风格：①基本风格；②戏剧化风格；③先锋派风格。

5. 服装动态展示方式：①开场与上台；②步伐、转体与造型；③线路设计；④模特分组；⑤退场；⑥终场。

6. 服装表演的目的与技巧。

思考题：

1. 服装静态展示设计本质特征是什么？

2. 服装静态展示设计原则有哪些？

3. 服装动态展示设计特点有哪些？

4. 服装动态展示设计风格是什么？

5. 日常动态展示服装包括哪些内容？

6. 服装表演的目的与技巧有哪些？

7. 怎样欣赏服装？

第六章

服装流行与流行趋势

课程名称： 服装流行与流行趋势

课题内容： 服装的流行

服装的流行趋势

服装设计风格及著名服装设计师风格

课题时间： 6 课时

训练目的： 使学生了解影响服装流行的因素，掌握服装流行的过程，服装流行预测的基本方法和著名服装设计师品牌及风格。

教学方式： 由教师讲述服装的流行、流行趋势、著名服装设计师风格，并用案例说明。

教学要求： 1. 了解影响服装流行的因素。

2. 掌握服装流行的过程。

3. 掌握服装流行预测的基本方法。

4. 了解著名服装设计师品牌及风格。

作业布置： 1. 收集信息，分析第二年的服装流行趋势。

2. 收集一个高级成衣品牌近三年的发布会资料，并分析其风格特征。

第一节　服装的流行

一、服装流行的概念

1. 流行概念

流行又称为时尚，是指一个时期内社会上或者某一群体中广为流传的生活方式。社会成员通过对某一事物的崇尚和追求，达到身心等多方面的满足。

流行具有新奇性、短暂性、普及性和周期性等特征。新奇性是流行现象中最为显著的特征，流行的新奇性表现为与传统习俗的差异，即"标新立异"；短暂性是由新奇性决定的，一种新的样式或行为方式的出现，为人们广泛接受而形成一定规模的流行，如果这种样式或行为方式经久不衰成为一种日常习惯或风俗，就失去了流行的新奇性；普及性是现代社会流行的一个显著特征，也是流行的外部特征之一，即在特定的环境条件下，某一社会阶层或群体的人对某种样式或行为方式的普遍接受和追求；周期性是指流行具有产生、发展、盛行和衰退等不同阶段，具有比较明显的周期规律，这在服装流行中尤为常见，如裙子长短、裤腿肥瘦、肩部宽窄的变化。

2. 服装流行概念

服装流行是指被市场上某一类消费群体或几类消费群体在一定区域范围和时间范围内认同和广为接受的当前穿着款式或风格，从而形成了新兴服装的穿着潮流。流行服装主要表现在服装的款式、面料、色彩、图案、工艺装饰及穿着方式等方面，并由此形成各种不同的风格。服装设计师可以通过对流行的敏锐观察和分析，创造出新的流行服装，获取商机，占领市场。因此，了解和研究服装流行及流行趋势十分必要。

二、影响服装流行的因素

服装流行是一种社会现象，影响因素很多，如人的因素、自然环境因素、社会因素等都会对服装流行产生影响。

（一）人的因素

人是社会形态的主体，既主导着社会形态的变化，也受到社会形态变化的制约。人是自然界的一分子，同时也改变着自然环境。人是服装的载体也是服装服务的对象。因此，人是影响服装流行的重要因素，具体分为生理因素和心理因素。

1. 生理因素

从人的生理上看，由于白、黄、黑色的肤色差异以及体格差异，使人们对服装的款式、色彩、面料的喜好也各有特点，这对服装流行的产生有一定的作用。

2. 心理因素

人的心理因素是导致服装流行的最重要因素。服装流行的产生和发展是人们心理欲望的直接反映，服装流行中既有个性追求、自我表现的求异心理，也有趋同从众的模仿心理，服装流行是这两种看似对立的心理相互作用的结果。

（1）求异心理：一般地，人们在社会中常用语言、行为、服装或其他物件展现个性，希望在他人心目中建立自我形象。服装流行的产生就是个性追求的结果，是人们求新、求异心理的反映。在服装流行过程中，那些最先身着新奇服装的人，实际是借助服装突出个性。身着新奇服装的人常常一方面希望通过追求标新立异来表现自我，另一方面试图用出众的服装来避开和弥补自己的不足。如70年代的"朋克"风成为叛逆、自我青年的一种精神寄托，他们通过对音乐、服装的彻底破坏与重建，发泄对现实的不满、失望与厌倦，抒发思想解放和反主流的意愿。

（2）从众心理：从众是一种比较普遍的社会心理和行为现象，通俗地讲就是"人云亦云"。从众心理是人们在社会压力下，改变自己的判断和信念，在行为上顺从于多数群体，是社会环境的心理反应。这种抗拒出众、希望把自己埋没于大众之中并由此心安的从众心理也会导致服装的流行。因为当服装新款出现时，一些人开始追随这些新款，便会对另一些人产生暗示和压力，即如果不接受这些新款，便会被旁人讥笑为"土气"，可能被他人排斥，由此便对一些人产生无形压力，造成心理上的不安。为了消除这不安感，迫使他们放弃旧款而产生从众心理加入流行的行列，最终形成新的服装流行潮流。

（3）模仿心理：人们之所以会形成在一段时期内追逐同一样式、风格的社会潮流，这是因为少数人的求变心理引起了他人的模仿，这样模仿就形成了被追逐的色彩、款式、风格的流行。在现实生活中，最典型的是许多青年人出于对明星、社会名流的崇拜，对其生活方式的向往，从而对他们的穿着方式、外在形象进行刻意模仿，这就会在该群体类形成一股流行潮流。

因此，可以这样说，人们的求异心理、从众心理和模仿心理是推动服装流行浪潮不断向前发展的重要因素。

（二）自然环境因素

影响服装流行的自然环境因素包括气候条件、地域条件和人口分布条件等。

气候和地域条件会对服装流行产生一定作用。首先，地域和气候的区别是导致人类生理差异的一个重要原因，如深色人种多居住在靠近赤道太阳辐射较强的炎热地区；中国北方人的普遍身材要比南方人高大。因此，在不同气候条件的地域，即便是同样的流行潮流，为了适应不同地区人们的肤色、体格差异，其流行服装也会在结构、色彩、造型或材料上有所差异。其次是气候变化也对服装流行会产生影响，例如随着全球气候变暖、水资源遭到破坏、濒临灭绝的动植物数量的攀升等，人们开始关注环保话题。近年来，服装设计师们也十分钟爱环保题材的设计，如2008年梅森·马丁·马吉拉（Maison Martin Margiela）在春夏高级女装定制会上，贯彻原创性的环保理念，从二手市场搜罗各种原料，如渔网、足球、雨伞等，重新解构再进行创造；2010年在伦敦秋冬时装周上，薇薇安·韦斯特伍德（Vivienne Westwood）为旗下副牌红标签（Red Label）发布了一场主题为"关注全球气候变暖"的时装秀，受到人们的广泛关注和追捧。

另外，人口分布的密集程度对服装流行具有直接影响。在现代社会中，新的流行潮流往往是从人口密集、经济文化发达的地区开始传播。人们年龄、性别等方面的差异造成生理和心理上的不同，从而形成层次性的服装消费，并由此产生各种形式的服装流行。

（三）社会因素

影响服装流行的社会因素众多，有政治因素、经济和科技的发展、文化因素、社会现象、宗教、生活方式等。

1. 政治因素

国家的政治状况在一定程度上对服装的流行会产生影响。一般来说，和平的氛围、发达的经济和开放的政治环境使人们更有精力追逐精美华丽的服装与个性多样化的服装风格；而动乱、战争会使人们为了适应动荡的环境，更愿意选择色彩暗淡、不引人注目、简洁实用的服装，如第二次世界大战期间原本流行的拖曳长裙，开始缩短到脚踝上，更加便于行动。

除了政治状况，政治人物的巨大影响力也会对服装流行产生影响。如中国民主革命先驱孙中山先生，他综合了西式服装与中式服装的特点，设计出的一种翻立领加有袋盖的四贴袋服装，并定名为中山装。由于孙中山先生在中国的巨大影响力，中山装俨然是革命进步人士的标志，成为以后几十年中国男子喜欢的服装。

2. 经济和科技的发展

服装是社会经济水平和人类文明程度的重要标志。经济是政治的基础，也是服装流行消费的首要客观条件。新的服装款式、风格能否在社会上流行，需要社会具有大量提供该服装款式、风格配饰的物质能力。同时，人们还需具备相应的经济能力，才能购买流行服装，起到推动流行浪潮发展的作用。

科技的发展对服装流行的影响主要体现在对服装生产方式、服装材料革新和流行传播技术推广方面。首先，科技的发展促使服装从手工缝制走向机器化生产，使服装大批量生产成为可能，降低了生产成本，缩短了流行周期。其次，因为传统服装受到纺织技术的限制，服装款式、色彩、材料相对单一，但随着纺织技术的进步和化学纤维的发展，极大丰富了人们穿着的服装。现代纺织、染整、加工等技术不断地满足着消费者的多种需求，加快了服装流行的进程。最后传播技术的发展也使得信息传播的速度加快和信息传播的流程缩短，使全球范围内的服装流行相互影响成为了一种趋势。现代互联网技术的发展，使最新的流行资讯快速地传递到世界各地，在求异、从众、模仿心理的驱动下，服装消费者通过快速便捷的方式获得流行资讯后加以模仿，很快就会形成一定范围内的流行浪潮。

总之，经济的发展刺激了人们的消费欲望和购买能力，科技的发展促进了服装设备、新材料的开发，这都推动了服装的流行。

3. 文化因素

文化与艺术思潮都会对服装流行产生影响。

无论是东方文化还是西方文化都曾对某一时期的服装流行产生过重大影响。如中国的丝绸文化在汉代传入欧洲，因为丝绸具有舒适的手感、华贵的外表，所以引起罗马贵族的疯狂抢购，身穿中国丝绸服装成为罗马贵族彰显身份的重要手段。又如具有冒险精神、热情、能歌善舞的吉普赛人（法国称为波西米亚人）将他们的吉卜赛文化传播到欧洲各地，每隔一段时间都会在时装界掀起一股波西米亚风。

另外，因为服装设计师常常从音乐、建筑、绘画、艺术思潮中吸取灵感，设计师们将他们对音乐、建筑、绘画的感悟以服装的形式表现出来，并在各种发布会上进行宣传，极有可能受到大众的追捧而形成一股流行浪潮，所以各种艺术形式和艺术思潮会对服装流行产生影响。

4. 社会现象

某一时期的社会现象，如影视作品、新闻热点都可能对服装流行产生影响。

影视作品对服装流行的影响不容小觑，如2010年一部电影《阿凡达》席卷全球，创造了票房神话的同时也引领了时尚的潮流。服装设计师一边讨论着人与自然和谐相处的严肃主题，一边在模特脸上化纳美妆。宝蓝色、青绿色在服装设计领域被广泛地使用，成为当年的流行色。

新闻热点也会对服装流行产生影响，如2010年，网络爆出流浪者"犀利哥"的照片后，人们一方面表示出对弱势人群的同情与关注，另一方面，一些明星开始模仿犀利哥独特的装扮，形成一时的流行现象；又如1969年，阿波罗Ⅱ号第一次代表人类完成首次登月，人们开始关注科技给人类生活带来的影响，并开始了无穷的联想，未来主题的时装概念开始出现，如几何直线条的超短裙、闪光漆皮平底靴以及圆形白框太阳镜，引发了太空潮流。

5. 宗教

宗教对服装流行的影响深远。以基督教为例，进入中世纪的拜占庭时期后，基督教占统治地位。基督教以基督教会为依托，对5~15世纪的欧洲服装文化产生重大影响。另外，在12~15世纪欧洲修建了很多哥特式教堂，这种教堂有高耸的尖塔。这种建筑艺术深刻地影响了服装，如贵妇所戴的尖尖的圆锥形女帽，它以帽子垂直向上的动势形象地表现了信奉上帝的宗教精神。此外，哥特时期流行的男子尖头鞋也与当时教堂的建筑风格相一致，整体服装流露出一种中世纪圣歌的神圣韵律。

6. 生活方式

生活方式对服装流行有着多方面的影响。不同的生活空间对人们的穿衣打扮影响很大，为了生存和进行社会交际，必须使自己的穿着能适应特定的自然条件和社会环境。不同的人群有各自独特的社会心态，导致不同的生活态度，这种生活态度对服装流行的影响是巨大的，而且无处不在。例如20世纪二三十年代，人们开始热爱体育运动，为了方便利索，女孩把头发剪短，穿上短裙和不束腰的服装。同时，由于上衣宽松和长度较为自由随便，为配合裙子和上衣，所以套头毛线衣开始流行。

三、服装流行的过程

(一) 服装流行的种类

服装流行可以分为自然回归型流行、不规则流行和人为创造流行。

(1) 自然回归型流行：是指一种流行诞生后，逐渐成长并被越来越多的人所接受，很快达到鼎盛期，接着就沿衰落的道路下滑，最后消失或转换成另一种新的流行，这种流行一般是朝着其最有特色的方向发展，最后发展到一定程度，就会出现不方便、不实用的状况，这时流行就有可能又返回来，照着原来的方向复归，不过在复归的过程中会受到当时经济、科技、文化等因素的影响，与之前的流行有所差异。这种反复的现象在服装史上屡见不鲜，是有周期性变化规律可循的一种流行，如 20 世纪 80 年代流行宽肩造型，到了 90 年代开始退出流行舞台，但是在 2010 年又开始强势回归，所不同的是肩部造型更加立体多变。

(2) 不规则流行：是指服装的流行受到战争、政治、文化思潮等社会因素的影响而产生的流行。但这样的流行并非无规律可循，只要密切关注社会中的政治、经济形势的动向，就可预测未来的流行，如经济发达、社会稳定，人们会更倾向于装饰性强的服装。而战乱期间，人们会选择便于行动、简洁的服装。

(3) 人为创造流行：是指服装企业、设计师最大限度地利用各种宣传媒介发布各种流行趋势，引导人们按照既定的方向去消费所造成的流行趋势。在现代社会中由于快节奏的生活和不同工作领域的局限，大多数消费者都无暇专门研究和预测流行，他们只能通过传媒工具如广播、电视、报纸杂志和网络来掌握流行信息，这就为现代商业带来了可乘之机。但是创造的流行并非凭空臆造，而是在深入研究国内外流行趋势和过去流行规律的基础上，针对目标市场之所需，科学地、适时地推出的，最终还是以消费者的需求为基础创造的。

(二) 服装流行的过程

服装流行具有周期性和规律性的特点，一般要经历发生、上升、加速、普及、衰退、淘汰的动态变化过程，会在个人、群体、社会三个不同层次进行传播。

1. 服装流行的过程

服装流行一般会经过发生、上升、加速、普及、衰退和淘汰六个阶段。如图 6－1 所示，第一个阶段——发生，一种新的服装样式或服装风格首先在时髦领袖，即流行革新者中产生的，他们是流行的创造者或是最早采用流行的人；接着由流行指导者（媒体、设计师、企业）进行传播和扩散进入流行的第二个阶段——上升；再被流行追随者模仿和接受，进入流行的第三个阶段——加速；然后是审慎的普通消费者开始大量加入流行队伍，流行进入第四个阶段——普及；当大多数人开始放弃流行样式或风格时，流行的迟滞者才开始采用，流行进入第五个阶段——衰退；最后是随着时间的流逝，那些对时尚毫无兴趣，对穿着没有要求的消费者穿着这些样式出现时，标志着流行已经进入最后阶段——淘汰。

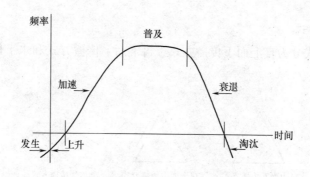

图 6-1　流行的过程

2. 服装流行的层次

服装流行会在个人、群体和社会三个不同层次进行传播。

在个人层次上，个人对流行的接受经历的过程如图 6-2 所示。首先是个人通过各种传播途径获得流行信息后，时髦领袖、追随者、审慎的消费者甚至落伍者都会表现出对流行的不同程度的关心，他们会对新的服装样式或风格进行自我判断和评价，当发现其达不到自己的目的（为了个人风格、或寻求新鲜感、或振作萎靡的精神、或为了高人一等、或为了幻想另一个不同的自我等）后，会中止对其关注，完成流行在个人层次的传播过程。但如果他们认为其可能达到自己的目的，就会采用，并通过自己或他人确认效果，这个评价从采用到确认效果的过程可能会多次反复进行，直至认为采用该样式或风格已经不能达到自己的目的时，便会中止在个人层次的传播。

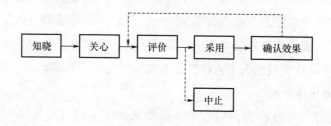

图 6-2　流行在个人层次的传播

在群体层次上是指在特定社会环境下流行样式从一些人向另一些人传播扩散的过程，如由时髦领袖向流行指导者扩散传播。

流行的社会辐射过程是指流行从发源地向其他地域社会的传播过程。流行的发源地往往是人口集中的政治、文化、经济中心城市，如世界时装中心巴黎、纽约、东京、米兰、伦敦等。流行的社会辐射过程具有时间的滞后性，一般一种新的服装样式或风格从大城市传向中、小城市，从城市到农村，有一定的实践滞后性。这是因为流行信息的传播需要时间，不同地域对外来信息的接受需要经过符合当地特点的选择和改造，这需要一个过程，同时不同地域文化思想的开放程度会影响到其接受的程度和时间。

（三）服装流行的方式

服装流行的方式分为自上而下传播方式、自下而上传播方式和水平传播方式三种，如图 6 - 3 所示。

自上而下传播方式　　　自下而上传播方式　　　水平传播方式

图 6 - 3　服装流行的方式

1. 自上而下传播方式

自上而下传播方式指流行先产生于社会上层，随后社会下层模仿而形成。自上而下的流行方式，源于社会下层人士对上层人士生活方式、地位的追求与向往，这种方式从古至今都不乏鲜明的案例。如英国女王伊丽莎白一世为遮掩脖子后边的伤疤，使扇形的高耸于后领的"伊丽莎白领"风行一时；法国国王路易十三用假发掩盖其秃头，使男子戴假发流行了一个多世纪。进入 21 世纪后，社会涌现出许多政治、经济、文化领域里的成功人士，如政府要员、企业巨子、影视歌明星等。名人即意味着成功，从而受到人们的羡慕，他们的生活方式、着装仪容，均成为人们追求的目标，人们在追逐模仿中获得了尊贵和与众不同的感觉，同时给时尚注入一股不可抗拒的原动力。2001 年的上海 APEC 领导人非正式会议，参加会议的各国领导人身着唐装，个个神采奕奕，让世界人民领略到了中华民族独特的服装魅力，随之在全国掀起一股唐装风潮。一时间，各大商场都有唐装销售，许多人争相抢购；又如比尔·盖茨出现在公众面前时常穿休闲西装而不系领带，这种轻松随意的穿着被 IT 行业人士及科技领域的人士效仿，成为成功男士的着装潮流。

2. 自下而上的传播方式

自下而上的传播方式被称为逆向传播，是指某种服装样式或风格产生于社会下层人士，而后社会上层开始进行模仿和传播，如牛仔服、波西米亚风格、波普风格服装的流行与传播。牛仔服装本来是美国牛仔们的工作服，它诞生于 19 世纪，在那个时候主要是中下层的人才穿。不过到了 20 世纪 50 年代，穿着牛仔服装的人群扩大了，电影明星马龙·白兰度赋予牛仔裤以魔力，牛仔裤成为叛逆精神的标志，因此每个男孩都想穿着它，牛仔裤至此疯狂热卖。当然，把牛仔服装带入了政商界上层社会的当属苹果公司首席执行官史蒂夫·乔布斯，在发布苹果公司的新产品时，乔布斯几乎从来都没有西装革履，而是身着牛仔休闲服装。

3. 水平传播模式

水平传播是现代社会流行传播的重要方式。现代社会等级观念较为淡薄，人们的生活水平不断提高，追求自由和平等。有关流行的大量信息通过发达的传播工具向社会各阶层同时传播，因此，很多人不再单纯追逐和模仿某一社会阶层的衣着服装，而是选择适合自身特点的穿着方式。在现代社会里，每一个社会阶层，都有其被模仿的"领袖"。如日韩歌星可能喜欢穿宽松肥大的衣裤，这种款式就有可能在喜欢这些歌星的人群中流行开来。

第二节　服装的流行趋势

现代服装流行正朝着多元化方向发展，流行的周期正在缩短。只有掌握服装流行的预测方法和流行趋势的途径，才能很好地预测和利用服装流行趋势，从而可以把握先机。

一、服装流行趋势的预测

服装流行的周期性和规律性使流行的发展有脉可寻，因而具有可预测性。服装流行的预测是建立在广泛的市场调查和对社会发展趋势的全方位估测基础上。足够的资料和专业经验使预测往往能贴近客观现实的发展。同时，各大权威机构的预测借助现代媒体高效率的宣传，冲击了消费者的视觉和心理，使消费者在不自觉中受到引导，服装流行预测已经成为一种规模宏大的产业化研究。下面从流行预测的目的、内容、步骤等方面进行阐述。

（一）流行预测的目的

流行预测的目的是通过确认服装流行的总体趋势，了解存在这些趋势背后的重点，并调整企业的经营方式，寻找新的方向，创造财富。

（二）流行预测的内容

通过对各种商业、经济、人口、消费等的统计资料、新技术的发展、新的社会现象观念下的背景分析，以及服装相关产业、服装消费者及服装市场的分析，确定未来的流行方向和流行焦点，用语言、文字、图像等方式进行色彩、面料、款式、风格、销售的预测。

（三）流行预测的步骤

1. 研究阶段

研究阶段主要是对各种资讯、信息进行分析和整理，资讯来源可分为三级：第一级资讯来源包括流行色协会、美国棉花协会、国际羊毛局的资讯；第二级资讯来源包括各种时装发布会以及相关时装报道；第三级资讯来源包括市场统计数据、销售记录、竞争对手调查数据、人口统计数据、价值观和生活方式的变化、各种时尚出版物、海报橱窗、新科技、相关工业。

2. 报告阶段

本阶段主要是为采购人员决策提供参考，包括定质和定量两类内容。定质内容一般是以图片加文字的形式进行表达，如确定流行的种类、流行的主要要素（廓形、面料、色彩、细节和风格）、流行的共同特征，一般可用主题的方式进行发布。如图 6 – 4 所示。定量内容包括消费者对新流行的接受程度以及资金流动状况，一般可用文字加图表的方式阐述。

3. 执行阶段

流行预测的执行阶段是设计师将焦点集中于流行主题，根据流行的主题并结合本企业的定位开发出新产品，并协助推广及做好相应的策略规划。

二、获取服装流行趋势的途径

消费者和企业可以通过时装发布会、专业权威组织机构的预测、时尚媒体获得各种流行趋势。

1. 时装发布会

每年世界五大时装中心（巴黎、伦敦、米兰、纽约、东京）会按照春夏和秋冬两季分别发布最新高级时装和高级成衣的流行趋势。每一季流行的主题（色彩、面料、装饰、风格等）由一些设计师和行业组织沟通之后共同决定，再分别以设计师的个人理念进行演绎。这些发布对全球时尚热点的转移有着决定性的影响力，是流行的风向标，也是其他设计师汲取设计素材的主要来源。

2. 专业权威组织机构的预测

专业权威组织机构是指国际色彩权威机构 ICA（International Color Authority）、流行色协会、美国棉花协会、国际羊毛局、中国流行色协会等。ICA 即"国际色彩权威机构"，成立于 1966 年，总部位于英国伦敦，是世界领先的色彩趋势预测机构。ICA 的色彩研发成员具有丰富的国际经验，每年两次聚集，讨论下一季色彩流行趋势。中国流行色协会经国家民政部批准于 1982 年成立，是由全国从事流行色研究、预测、设计、应用等机构和人员组成的法人社会团体，1983 年代表中国加入了国际流行色委员会。

3. 时尚媒体

现代资讯的传播媒体主要有期刊、报纸、网络、电视、广播等。欧美最为著名的消费型时尚杂志包括《服装与美容》（*Vogue*）、《世界时装之苑》（*Elle*）、《玛丽嘉人》（*Marie Claire*）等。法国著名的时装频道（Fashion TV）全天滚动播出最新的时尚发布。目前国内的时尚媒体发展非常快，以《中国时装》、《上海服装》等为代表的众多刊物风格明确、信息丰富，具有很高的参考价值。《服装时报》等时尚报纸则体现出信息及时、与企业更为贴近的优势，对了解国内外市场动态、掌握行业流行趋势有很大帮助。

第三节　服装设计风格及著名服装设计师风格

一、服装设计风格

服装设计风格可被理解为服装设计作品中所呈现出来的代表性艺术特点，下面介绍十种典型的服装设计风格。

1. 哥特风格

"哥特（Gothic）"一词源于中世纪的建筑，12~15世纪，一种以尖顶大教堂为最显著特色的建筑风格大行其道，即所谓的"哥特式"建筑。现代哥特风格只是带有些许哥特式艺术的气息，其主要元素包括带有大量蕾丝的服装、象征浪漫的玫瑰、黑长发、苍白皮肤、黑色烟熏眼妆、黑色指甲、紧身黑衣、黑网眼丝袜、皮靴和大量宗教图腾式的银饰等。哥特风格的服装如图6-4所示。

图6-4　哥特风格服装

2. 巴洛克风格

"巴洛克"一词含有不整齐、扭曲、怪诞的意思，"巴洛克"流行于17世纪和18世纪初。"巴洛克"艺术充满雄伟、壮丽和豪放的底蕴，其风格华丽，带有享乐主义色彩。巴洛克风格的主要元素有大量的缎带、褶皱和花边，无数的花饰、华丽、蓬松的裙子、假发。巴洛克风格的服装如图6-5所示。

图6-5　巴洛克风格服装

3. 洛可可风格

"洛可可"风格是继巴洛克风格后，发源于法国并很快遍布欧洲的一种艺术风格，始于17世纪，盛行于18世纪路易十五时代，它首先出现在建筑装饰上，然后表现在绘画、雕刻和服装中。洛可可特点是在图案造型上运用凸起的贝壳纹样曲线和呈锯齿状的叶子，C形、S形和涡旋状曲线纹饰蜿蜒反复，创造出一种非对称的、富有动感的、自由奔放而又纤细、轻巧、华丽繁复的装饰样式，总的感觉是飘逸轻荡。洛可可仿佛是从巴洛克艺术中过滤出来的一种形式，巴洛克风格的雄伟、壮丽、豪放的底蕴被放弃，而浮在表面的艳丽色彩、漂亮形象和动荡的旋律被保留下来，并加上许多矫饰的色彩、纤柔的形象和琐细的造型。洛可可风格的主要元素有缎子、蕾丝花边、华丽花边，领部细褶和袖部装饰、精巧的刺绣工艺、夸张的裙撑、繁复的缀饰、低胸衬裙、印花布等。洛可可风格的服装如图6-6所示。

4. 波普艺术风格

"波普"艺术于20世纪50年代初发源于英国，50年代中期鼎盛于美国。波普为"Popular"的缩写，意即流行艺术、通俗艺术。波普艺术的特征主要表现在服装面料、图案和装饰上，而服装本身的样式则主要体现波普的特质。波普风格服装喜欢塑造比现实生活更为典型的夸张形象，这种形象归属于流行文化，贴近民众的时尚生活，取材于流行生

图 6-6　洛可可风格服装

活和社会焦点，如歌星偶像、街头涂鸦、品牌 LOGO、政治人物等，将其变形或整合处理后作为单独图案或按照某种规则重复排列，用染织绣贴等手段置于服装之上。波普艺术风格的服装如图 6-7 所示。

5. 欧普艺术风格

"欧普"艺术是运用几何形象创造各种光学效应引起运动幻觉的一种抽象艺术。欧普艺术具有视觉游戏的特点，借助光效应原理处理图案和色彩，让人在凝视的时候产生闪动，眩晕的错觉甚至幻觉。欧普艺术的形式感通过服装材料加以体现，服装中的图案是欧普艺术的主要表现手法，将几何形状和色彩按照光效应的原理和规律加以排列组合形成视觉的动感，并通过形与色的躁动而构成错觉或视幻觉。欧普艺术风格服装如图 6-8 所示。

6. 建筑风格

建筑风格的服装注重结构，把人体作为设计出发点，将人体不断地抽象化，从而赋予服装一种独立的三维结构，带有类似建筑结构外观特征的一种风格，建筑风格时装表现的是一种大都市情调。建筑风格的服装如图 6-9 所示。

图 6-7 波普艺术风格服装

图 6-8 欧普艺术风格服装

图 6-9 建筑风格服装

7. 洛丽塔风格

西方人说的"洛丽塔（Lolita）"女孩是那些穿着超短裙、化着成熟妆容但又留着少女刘海的女生，简单来说就是"少女强穿女郎装"的情况。但是当"洛丽塔"流传到了日本，日本人就将其当成天真可爱少女的代名词，统一将 14 岁以下的女孩称为"洛丽塔女孩"，而且变成"女郎强穿少女装"，即成熟女人对青涩女孩的向往。目前洛丽塔风格服装可以分为甜美洛丽塔（Sweet Lolita）、哥特式洛丽塔（Gothic Lolita）以及古典洛丽塔（Classic Lolita）。甜美洛丽塔以粉红、粉紫、粉蓝和白色等淡雅色系为主，以可爱的洋娃娃风格为造型基础。哥特式洛丽塔主色为黑和白等无彩色系，表达一种神秘好奇的感觉，款式有露脐、露肩的迷你吊带衫、比基尼吊带衫和敞胸式样的短外套。古典洛丽塔的主色为柔和的米、粉色系列，高贵的红酒色和墨绿色，造型有蓬蓬的娃娃裙或者同样蓬蓬的娃娃衫、小吊带配短裤，力图表达一种清雅的心思，有一种复古摩登的精致感觉。洛丽塔风格的服装如图 6－10 所示。

图 6－10 洛丽塔风格服装

8. 朋克风格

20 世纪 70 年代中期，在经济不景气的社会背景下，在英国社会下层的青年人中间产生了一个反传统主义群体——朋克（Punk）。他们用音乐和服装来表现自我、拒绝权威、抗拒和反叛主流文化，由此产生了一种服装的流行风格——朋克风格（Punk Style）。它的主要元素有破洞窟窿、画满骷髅美女的棉布紧身服装、松垮的外套、皮衣、别针、铆钉、金属气眼、毛边、酸洗、破坏洗、粗犷风格的特殊印染、不规则剪裁、印花、网眼、长筒黑色丝袜、拉链、扭曲的缝线、不对称的剪裁、不调和的色彩等。朋克风格的服装如图6-11所示。

图6-11　朋克风格服装

9. 解构风格

解构主义（Deconstruction），顾名思义有着"分解与构成结构"的意思，是对结构的破坏与重组。解构风格的服装常用倾斜、倒转、弯曲、波浪等表现手法，巧妙改变或者转移原有的结构，力求避免常见、完整、对称的结构，整体形象支离破碎，疏松零散，变化万千。简言之，解构风格的服装可以用反常规、反对称、反完整来加以形容，其在造型、色彩、比例上的处理上极度自由。解构风格的服装如图6-12所示。

10. 波西米亚风格

波西米亚风格的服装并不是单纯指波西米亚当地人的民族服装，服装的"外貌"也不局限于波西米亚的民族服装和吉卜赛风格的服装。它是一种以捷克共和国各民族服装为主的，融合了多民族风格的现代多元文化的产物。波西米亚风格服装的主要元素有层层叠叠的花边、无领袒肩的宽松上衣、大朵的印花、手工的花边和细绳结、皮质的流苏、纷乱的珠串装饰、波浪乱发、撞色等。波西米亚风格服装如图6-13所示。

图 6 – 12　解构风格服装

图 6 – 13　波西米亚风格服装

二、著名服装设计师风格

1. Coco Chanel（香奈儿）

Coco Chanel（原名 Gabrielle Chanel）于 1883 年在法国出生，1971 年去世。她是现代服装史上的传奇女性，给世界服装史带来了巨大革命。1910 年香奈儿在巴黎开设了一家女装帽子店，当时女士们已厌倦了花巧的饰边，香奈儿设计的帽子款式简洁耐看，备受追捧。1914 年香奈儿开设了两家时装店，影响后世深远的时装品牌香奈儿宣告诞生。第一次世界大战后，香奈儿为女性提供了具有解放意义的服装自由，香奈儿从男装上取得灵感，为女装添上一点男儿味道，她抛弃紧身胸衣、鲸骨裙箍，一改当年女装过分艳丽的绮靡风尚，提倡简单舒适的优雅生活方式。例如，她将西装加入女装系列中，又推出女装裤子。香奈儿这一连串的创作为现代时装史带来重大革命。香奈儿设计了不少创新的款式，例如，针织水手裙、黑色迷你裙、格子樽领套装等。其设计的小黑裙长至膝盖，带着几分帅气的纤细，享有百搭易穿、永不失手的声誉，因此顺理成章地成为女士们衣橱里的必备品，也是服装史上影响最深远的设计之一。如图 6-14 所示为身着小黑裙的香奈儿。

图 6-14　身着小黑裙的香奈儿

2. Christian Dior（克里斯汀·迪奥）

迪奥于 1905 年在法国出生，1957 年去世。他是"New Look"（新外观）服装廓形和著名奢侈品迪奥品牌的创立者。他毕业于巴黎政治学院，企业家之子。1946 年已届不惑之年的迪奥才在巴黎蒙田（Montaigne）大道开了第一家个人服装店，迪奥品牌宣告成立。第二次世界大战后的 1947 年 2 月迪奥推出了一系列作品。这系列作品具有柔和的肩线、纤瘦的袖型、以束腰构架出的细腰强调出胸部曲线的对比、长及小腿的宽阔裙摆等特点，使用了大量的布料来塑造圆润的流畅线条，并且以圆形帽子、长手套、肤色丝袜与细高跟鞋等饰品衬托整体气氛，凸显纤美的女性气质。这种女人味十足的服装，唤醒了刚刚经历战火洗礼女性对美的渴望，被惊喜的传媒称为"新外观"。这种廓形的女装与第二次世界大战之前流行的垫肩外套、直筒窄裙完全不同，也与第二次世界大战期间广泛流行的军装风貌女装截然相异，"新外观"强调了女人味与浪漫风情，迎合了历劫万生、渴望升平的战后气氛，恰逢其时地给予了人们新奇的视觉刺激。迪奥成功地塑造出一种完全属于他的时代特性，其普及性影响了同辈的设计师，进而树立起整个 50 年代的内敛高尚的品位。1952 年迪奥开始放松腰部曲线，提高裙子下摆。1954 年设计的收减肩部，增大裙子下摆的"H"形，以及同年发布的"Y 形"、"纺锤形"系列，无不引起轰动。这些简洁年轻的直线型设计，依旧体现着他那种纤细华丽、优雅的服装风格。如图 6 - 15 所示为迪奥的"新外观"服装。

图 6 - 15 迪奥的"新外观"服装

3. Yves Saint Laurent（*伊夫·圣洛朗*）

伊夫·圣洛朗是法国时装大师，著名奢侈品牌 YSL 的创立者。他于 1936 年出生在阿尔及利亚，2008 年去世。伊夫·圣洛朗从小家境富裕，17 岁时进入巴黎高级时装学院。第二年在国际羊毛事务局的设计比赛中获得第一名，展露设计天赋。19 岁时进入迪奥公司。1957 年 10 月，迪奥辞世。21 岁的伊夫·圣洛朗临危受命，在发布会上利用黑色毛绸设计出饰有蝴蝶结的及膝时装，一炮而红，进而接任迪奥的首席设计师之位。

1961 年伊夫·圣洛朗离开迪奥公司，在塞纳河左岸开设了第一家高级时装店，名为

"左岸"，并以自己姓名中的三个大写字母"YSL"作为品牌。圣洛朗拥有艺术家的浪漫特质，但在六七十年代，圣洛朗表现出了一种反叛权威的精神，他的设计不仅走在尖端，甚至惊世骇俗，例如，喇叭裤、套头毛衣、无袖汗衫、嬉皮装、长筒靴、中性服装、透明装等，都是他的创造发明。圣洛朗用服装给予女人和男人同等的权利，长裤迅速成了 YSL 的旗帜性形象，让女人迈开了自信的步伐。YSL 以他的肉色裙装、塔士多长裤和透视装来表明他对摒弃胸罩的支持。

YSL 终于成为时尚的标志，他一生获得无数荣耀。1958 年 3 月，法国总统授予伊夫·圣洛朗荣誉军团骑士级勋章，这是法国总统第一次为时装设计师授勋。1982 年他被美国时装设计师协会授予国际时装奖。1983 年美国纽约大都会艺术博物馆举办了圣洛朗 25 年设计历程展，这也是该博物馆第一次为在世的设计师举办回顾展。伊夫·圣洛朗的头像还被印在了法国的钱币上，他是获此殊荣唯一活着的人。

1998 年夏天，法国世界杯足球赛开幕式上，伊夫·圣洛朗的时装覆盖了整个绿茵场，300 多件代表 40 年来伊夫·圣洛朗创作成就的衣裙由各国模特一一展示在法兰西体育场，法国人以独一无二的法兰西式浪漫和激情向这位时装设计大师致以最高的敬意。

2002 年的最后一天，伊夫·圣洛朗宣布退休并关闭了自己的工作室，他说，"我一辈子都服务于女性，直到最后一刻"，以此表示对她们的爱和致敬。

伊夫·圣洛朗在时装界的威望不仅在于他设计的具有解放女性意义的长裤套装、吸烟装、夹克上装、"蒙德里安系列"（图 6-16）、"毕加索系列"以及首创的黑色性感透视装，还在于他对女性发自内心的尊重与爱护。正如他所说的"时装并不仅是让女性更美，而是要在精神上支持她们，让她们变得更自信"。

4. Giorgio Armani（乔治·阿玛尼）

乔治·阿玛尼于 1934 年出生在意大利，大学时念医科，曾担任助理医官，他是意大利奢侈品牌乔治·阿玛尼的创建者之一。

1975 年他与朋友赛尔吉奥·加莱奥蒂（Sergio Galeotti）合资，成立以乔治·阿玛尼为名字的男装品牌。或许由于医科出身，并担任过部队助理医官，阿玛尼认为"我的设计遵循三个黄金原则，一是去掉任何不必要的东西；二是注重舒适；三是最华丽的东西实际上是最简单的"。1975 年 7 月，阿玛尼推出无线条、无结构的男式夹克，在时装界掀起了一场革命。他的设计轻松自然，在看似不经意的剪裁下隐约凸显人体的美感。既扬弃了 60 年代紧束男性身躯的乏味套装，也不同于当时流行的嬉皮风格。3 个月后，阿玛尼推出了一款松散的女式夹克，采用传统男装的布料，与男夹克一样简单柔软，并透露着些许男性威严。此后对女装款式进行了前所未有的大胆颠覆，从而使阿玛尼时装成为高级职业女性的最爱。在两性性别越趋混淆的年代，服装不再是绝对的男女有别，乔治·阿玛尼打破了阳刚与阴柔的界线，引领女装迈向中性风格。最具有代表意义的是 1980 年阿玛尼男女"权力套装（Power Suit）"的问世（图 6-17），这种设计的特点是宽肩翻领和阔脚裤，"权力套装"成为国际经济繁荣时代的一个象征。

图 6 – 16　伊夫·圣洛朗的蒙德里安系列服装

图 6 – 17　阿玛尼的"权力套装"

阿玛尼的设计风格既不新潮也不传统。他能够在市场需求和优雅时尚之间创造一种近乎完美、令人惊叹的平衡。中性色系、优雅的裁剪令人无须刻意炫耀，同时删去设计中无关的细节，这也是对服装裁剪的一大贡献。他的简约始终游走在传统与现代之间。

5. Karl Lagerfeld（卡尔·拉格菲尔德）

卡尔·拉格菲尔德被称为"时尚界的凯撒大帝"、"老佛爷"。他于 1938 年在德国出生，1954 年获得国际羊毛局的时尚设计大奖的外套组冠军，1964 年成为蔻依（Chloe）品牌设计师，并将品牌定位于古典式浪漫唯美风格。1972 年 10 月，卡尔·拉格菲尔德设计的"蔻依 1973 年春夏时装系列"大获成功。他富有戏剧性的设计理念使芬迪（Fendi）品牌服装获得全球时装界的瞩目及好评，将芬迪推到了高级时装的一线地位。卡尔·拉格菲尔德在 1983 年成为香奈儿品牌设计师，在外界普遍不看好的情况，成功使品牌复活，令香奈儿成为世界上最赚钱的时装品牌之一。卡尔·拉格菲尔德完美提炼了香奈儿的优雅精髓，改良比例留住忠心客，且适可而止地注入运动、摇滚元素，吸引了众多年轻人，并将高级定制精湛工艺发扬光大，成功将战后的香奈儿引领上一条摩登典雅的康庄大道。卡尔·拉格菲尔德在 1984 年推出个人同名品牌，在属于自己的品牌中，其设计个性得以淋漓尽致的体现，古典风范与街头情趣结合起来，形成了诸多创新。

拉格菲尔德每年为香奈儿制作 8 个系列的服装，包括成衣和高级时装，为芬迪制作 5 个系列，同时还为他自己的品牌做设计。他这种超强的能力令他在时尚界独步天下，是当之无愧的时尚界"老佛爷"。如图 6-18 所示为卡尔·拉格菲尔德为香奈儿、芬迪两个品牌设计的服装。

图 6-18　卡尔·拉格菲尔德为香奈儿、芬迪设计的服装

6. Gianni Versace（詹尼·范思哲）

詹尼·范思哲是意大利著名奢侈品品牌范思哲的创建者，于1946年在意大利出生，1997年遭枪击身亡。范思哲的母亲是个裁缝，童年的范思哲就喜欢学做裙装以自娱。一个偶然的机会，他为佛罗伦萨一家时装生产商设计的针织服装系列畅销，这次成功让他全身心投入到了时装事业中。1978年范思哲推出他的首个女装成衣系列，不久以后，他第一间时装店便筹备就绪，其商业管理专业的长兄来帮助管理。1981年他又邀请在佛罗伦萨读大学的妹妹多娜（Dona）来做帮手。至此，范思哲的时装王国开始成形。1982年在秋冬女装展中展示了著名的金属服装，现在这成为他时装的一个经典特征。

范思哲的品牌标志是希腊神话里的"蛇王女妖美杜莎"，代表着致命的吸引力。范思哲的设计风格非常鲜明，20世纪80年代末，他明艳华丽的巴洛克式风格的设计作品随处可见。他汲取了古典贵族风格的豪华、奢丽，他设计的服装领口常开到腰部以下，强调快乐与性感。范思哲善于采用高贵豪华的面料，借助斜裁方式制作高档服装。范思哲设计时装的同时，他还为戏剧和芭蕾设计舞台服装。如图6-19所示为詹尼·范思哲设计的时装。

图6-19　詹尼·范思哲设计的服装

7. Pierre Cardin（皮尔·卡丹）

皮尔·卡丹是时装界的传奇人物，著名时尚品牌皮尔·卡丹的创办者。他于1922年在意大利出生，14岁辍学在一家小裁缝店里当学徒。1947年，皮尔·卡丹在迪奥公司任职，1950年皮尔·卡丹独立创办自己的公司。

皮尔·卡丹在时装界的杰出贡献表现在他让高档时装走下高贵的T型台，让服装艺术直接服务于老百姓，皮尔·卡丹曾先后三次获得法国时装界最高荣誉大奖"金顶针奖"。法国高级时装行业本是一个限制极严、市场狭窄的特殊行业，顾客极其有限。法国的时装设计特点是豪华气派、用料昂贵，在全世界仅有 3000 多位上流社会的顾客。皮尔·卡丹第一个看到高级时装必须在大众中开辟市场，才能找到出路。第二次世界大战后皮尔·卡丹毅然提出了"成衣大众化"的口号。因此，他奉行"让高雅大众化"的竞争要诀，以此指导服装设计兼营成品服装，面向更多的消费者，并一举获得了成功。1961 年皮尔·卡丹首次设计并批量生产流行服装，此后，他连续推出各式各样的、不同规格的流行成衣产品。

　　大胆突破始终是皮尔·卡丹设计思想的中心。皮尔·卡丹设计的时装，敢于突破传统、式样新颖、富有青春感、色彩鲜明、线条清楚、可塑感强。他运用自己的精湛技术和艺术修养，将稀奇古怪的款式设计和对布料的理解与褶裥、绉、几何形巧妙地融为一体，创造了突破传统而走向时尚的新形象。皮尔·卡丹设计的男装如无领夹克、哥萨克领衬衣、卷边花帽等，为男士装束赢得了更大的自由。甲壳虫乐队穿着皮尔·卡丹式高纽位无领夹克衫就是 60 年代时髦男子的必备。皮尔·卡丹擅用鲜艳强烈的红、黄、钻蓝、湖绿、青紫设计女装，其纯度、明度、彩度都格外饱和，加上其款式造型夸张，颇具现代雕塑感。如图 6-20 所示为皮尔·卡丹设计的时装。

图 6-20　皮尔·卡丹设计的服装

8. Valentino Garavani（华伦天奴·格拉瓦尼）

　　华伦天奴·格拉瓦尼是意大利奢侈品牌华伦天奴的创造者，是高级女装设计大师。他于 1932 年出生在意大利，先在米兰学习法语和时装设计，然后在巴黎时装联合会设计院学习服装设计。

华伦天奴于 1960 年成立了华伦天奴女装品牌公司。1965 年便被《女装日报》（Women's Wear Daily）誉为"罗马最富明星色彩的设计师"。1967 年又荣获时尚界的"奥斯卡奖"——奈门·马科斯奖（Neiman Marcus Award）。1986 年意大利总统授予其意大利官方最高荣誉奖。2000 年华伦天奴获得由美国时尚设计师委员会颁发的终生成就奖。华伦天奴于 2007 年 9 月退休。

华伦天奴深信高级时装不但需要有能力欣赏的人，更需要有财力"欣赏"的。华伦天奴就是豪华、奢侈的生活方式的象征，他擅长运用柔软贴身、光鲜精美的真丝面料配合合体剪裁、考究的做工与华贵的整体搭配，从整体到每一个小细节都做得尽善尽美，展现出华贵的优雅风韵，赢得了杰奎琳·肯尼迪、美国前"第一夫人"南希·里根以及诸多大明星的青睐。

华伦天奴的创作灵感主要来自于艺术、自然、民族和动物主题，他的许多标志性的设计在服装界有着重大意义，如标准色"Valentino Red"（华伦天奴红）的采用，以浓烈而华贵的霸气震慑人心；极致优雅 V 型剪裁的晚装，充分显现了女性妩媚的味道，让人折服。如图 6 - 21 所示为华伦天奴·格拉瓦尼设计的服装。

图 6 - 21　华伦天奴红

9. TAKADA KENZO（高田贤三）

高田贤三是日本服装设计大师，著名时尚品牌高田贤三的创始人。高田贤三于 1939 年在日本出生，就读于日本文化服装学院。1960 年至 1964 年，高田贤三任三爱（Sanai）百货公司设计师及日本《装苑》（So - en）杂志图案设计师。1970 年在法国巴黎创办高田贤三品牌。

　　高田贤三认为服装需要"自然流畅、活动自如"，他追求对身体的尊重，善于充分利用东方民族服装平面构成和直线裁剪的组合，不使用塑造立体曲线的省，从而把人体从禁锢中解放出来，形成宽松、舒适、无束缚感的崭新风格。

　　高田贤三的作品充满了大自然的素材，如花朵、动物、水等。他被人称作"色彩魔术师"，他做到了"每一个色彩都拥有其独特的味道"，他设计出的像万花筒般变幻的色彩和图案更是令人叫绝。此外，幽默有趣也是高田贤三创作中的另一特色，他主张"生活的艺术"，希望由作品传达欢愉的讯息。如图 6-22 所示为高田贤三设计的服装。

图 6-22　高田贤三设计的服装

10. Issey Miyake（三宅一生）

　　三宅一生是日本服装设计大师，日本服装品牌三宅一生的创始人。三宅一生于 1938 年在日本广岛出生，1959 年三宅一生进入多摩美术大学（Tama University of Art）学习，1965 年三宅一生来到巴黎，并在巴黎高级时装工会学院（the Chambre Syndicale de la Couture）进修。1970 年在东京成立了三宅一生设计室。

　　三宅一生是伟大的艺术大师，他的时装极具创造力，集质朴、简洁、现代于一体。三宅一生似乎一直独立于欧美的高级时装之外，他的设计代表着未来新方向的崭新设计风格。三宅一生的设计直接延伸到面料设计领域。他将传统织物与现代科技、哲学思想相结合，创造出独特而不可思议的织料和服装，被称为"面料魔术师"。

　　三宅一生偏爱稻草编织的日本式纹染、起皱织物和无纺布，独爱黑色、灰色、暗色调和印第安的扎染色。三宅一生所运用的晦涩色调充满着浓郁的东方情愫。他喜欢用大色块的拼接面料来改变造型效果，格外加强了作为穿着者个人的整体性，使他的设计醒目而与众不同。

三宅一生推出的"PLEATS PLEASE"（我要褶皱）系列体现了简单的几何图形和新颖的表现方式，这个容易保养的服装可以丢到洗衣机直接清洗，并且洗后还能像新的一样保持原有的样子。"我要褶皱"系列成为设计师追求实用性服装的高峰，并被称颂为伟大经典的便利服装。他根据不同的需要，设计了三种褶皱面料：简便轻质型、易保养型和免烫型。三宅一生的"我要褶皱"不止是装饰性的艺术，也不只是局限于方便打理，他充分考虑了人体的造型和运动的特点。在机器压褶的时候，他就直接依照人体曲线或造型需要来调整裁片与褶痕。如图6-23所示为三宅一生设计的服装。

图6-23　三宅一生设计的服装

11. Yohji Yamamoto（**山本耀司**）

山本耀司是日本服装设计大师，是山本耀司品牌的创始人。山本耀司于1943年在日本出生，其母亲是裁缝师。山本耀司1966年毕业于法律系，1966年至1968年在日本东京文化服装学院学习时装设计，1968年在巴黎学习时装设计，1972年成立了自己品牌的成衣公司。

山本耀司以简洁而富有韵味、线条流畅、反时尚的设计风格而著称，以男装见长。他与三宅一生、川久保玲一起，把西方式的建筑风格设计与日本服装传统结合起来。山本耀司喜欢从传统日本服装中吸取美的灵感，通过色彩与质材的丰富组合来传达时尚理念。他以和服为基础，借以层叠、悬垂、包缠等手段形成一种非固定结构的着装概念。他从两维的直线出发，设计成一种非对称的外观造型，这种别致的意念是日本传统服装文化中的精髓，显得自然流畅。在山本耀司的服装中，不对称的领型与下摆等屡见不鲜。山本耀司把麻织物与粘胶面料运用得出神入化，形成了别具一格的沉稳与褶裥的效果，山本耀司的服装以黑色居多。如图 6 - 24 所示为山本耀司设计的服装。

图 6 - 24　山本耀司设计的服装

12. Anna Sui（安娜·苏）

著名第三代华裔女设计师 Anna Sui（安娜·苏，中文名：萧志美）1955 年出生，1991年成功举办了自己的第一场时装发布会，并于 1992 在纽约成立了以"安娜·苏"为名的时装店，创立了安娜·苏时装品牌。安娜·苏于两年后获得了纽约设计师协会颁发的佩里·艾力斯奖。

安娜·苏热爱摇滚音乐，个性独特不随俗，知名的《纽约时报》将她的作品喻为"高级时装与嬉皮的混合体"。她设计最大的特色就是来源于她对摇滚音乐及流行文化艺术的热爱，尤其是她成长过程中的 20 世纪六七十年代。在她的作品中，经常可以看到流露出那几个年代色彩或风味的设计与搭配，混合了 20 世纪 20 年代与 60 年代的娃娃头就成了安娜·苏特有的标志。正如她所说："人们喜欢我的设计作品是因为我放入很多的元素，总是有甜美的女性喜欢复古风和时尚风；我总是加入一些摇滚元素，也总是有一些模糊地带。"安娜·苏的作品注重细节、喜欢装饰、擅长民族风格服装设计。复古风貌和奢华气质、叛逆、大胆的设计略带一种藐视世俗的眼光，刺绣、毛皮、花边、烫钻、绣珠等装饰主义元素集于设计之中。穿着安娜·苏的女孩好似游走于复古与奢华之间的精灵，梦幻甜美，具有波西米亚和嬉皮风格。如图 6 – 25 所示为安娜·苏设计的服装。

图 6 – 25　安娜·苏设计的作品

13. John Galliano（约翰·加利亚诺）

约翰·加利亚诺是著名的英国服装设计师，被誉为"无可救药的浪漫主义大师"。他于 1960 年在英国出生，1980 年进入英国圣马丁艺术学院学习时装设计。1984 年他从法国大革命中汲取灵感，奉上了个人的毕业设计作品发布会，其作品的精湛新颖在整个英伦引起轰动。1988 年约翰·加利亚诺被评选为英国最佳设计师。在其后每季度的时装展示会上，他都推陈出新展现顽童般天马行空的思维。1995 年约翰·加利亚诺移居法国接管纪梵希的设计师位置。1997 年他又接掌迪奥首席设计师，并成功地实现了将迪奥品牌年轻化的任务。

约翰·加利亚诺从来都将时装看作艺术，这从其作品中可以看出：从早期融合了英式古板和世纪末浪漫的歌剧特点的设计到溢满怀旧情愫的斜裁剪裁技术，从野性十足的朋克风到断裂襤褛式黑色装束中肆意宣泄的后现代激情，人们总能感受到服装不仅仅是外在装饰，更是设计师对人类灵魂深处的探究。如图 6 – 26 所示为约翰·加利亚诺设计的服装。

14. Alexander McQueen（亚历山大·麦昆）

亚历山大·麦昆是英国著名的服装设计师，有坏孩子之称，被认为是英国的时尚教父。他于 1969 年在英国出生，2010 年 2 月在家自杀身亡。亚历山大·麦昆 16 岁时离开学校，成为裁缝服装店学徒。1991 年进入圣马丁艺术设计学院，获艺术系硕士学位。1992 年，自创品牌亚历山大·麦昆。1997 年，担任纪梵希品牌的首席设计师。亚历山大·麦昆是最年轻的英国时尚奖（British Fashion Awards）得主，他在 1996 年至 2003 年之间共四次

图 6－26　约翰·加利亚诺设计的作品

赢得年度最佳英国设计师（British Designer of the Yea）。他曾获颁 CBE（英帝国司令勋章），同时也是时装设计师协会奖的年度最佳国际设计师。

亚历山大·麦昆来自中下平民阶层，并以此为荣。他个性反叛，不屑于中产阶级的矫揉造作。他设计的作品充满天马行空的创意，极具戏剧性，常以狂野的方式表达情感力量。他总能将两极的元素融入一件作品之中，比如柔弱与强力、传统与现代、严谨与变化等。亚历山大·麦昆最具影响力的作品包括他设计的骷髅丝巾、骷髅衫、超低腰牛仔裤等都受到英国年轻人的追捧。如图 6－27 所示为亚历山大·麦昆设计的作品。

15. Vivienne Westwood（*薇薇安·韦斯特伍德*）

薇薇安·韦斯特伍德是著名的英国时装设计师，被誉为时装界的"朋克之母"。她于 1941 年在北英格兰的一个工人家庭出生，她从未受过正规的服装剪裁教育，是一位自学成才的典范。

薇薇安·韦斯特伍德设计作品中的朋克摇滚风来自于她的第二任丈夫——英国著名摇滚乐队"性枪手"的组建者和经纪人的影响。20 世纪 70 年代，薇薇安·韦斯特伍德因其荒诞、古怪的设计和大胆的风格在世界时装界一举成名。她喜欢使用零碎、拼凑、不对称、多褶皱、繁琐、华丽但同时充满野性的设计方式制造出不和谐的效果，彰显了年轻一代热情大胆而又充满叛逆的个性。她的设计构思在服装领域里被认为是最荒诞、最稀奇古怪，同时也最有独创性的。薇薇安·韦斯特伍德设计的充满英伦风情的束身女裙、外套和条纹背心都展现了她作为一名英国设计师的独特和自豪。如图 6－28 所示为薇薇安·韦斯特伍德设计的作品。

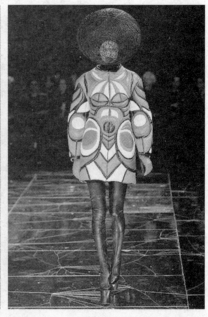

图 6 - 27　亚历山大·麦昆设计的作品

图 6 - 28　薇薇安·韦斯特伍德设计的作品

本章小结：

1. 人、自然环境、社会都会对服装流行产生影响。

2. 流行具有周期性和规律性的特点，有自上而下、自下而上、水平三种传播方式。

3. 服装流行预测分三个阶段进行：研究、报告和执行。

4. 服装设计风格多样，有哥特风格、巴洛克风格、洛可可风格、建筑风格、解构风格、波西米亚风格等。

5. 著名设计师的成长历程和设计风格对现代服装设计风格、技术、理念会产生重要影响。

思考题：

盘点近年来的社会问题对服装流行有什么影响。

参考文献

[1] 东北三省职业技术教材编写组编. 服装概念 [M]. 沈阳：辽宁科学技术出版社，1993.

[2] 贾汶侯. 服装概论 [M]. 哈尔滨：黑龙江教育出版社，1995.

[3] 刘晓刚. 服装学概论 [M]. 上海：东华大学出版社，2011.

[4] 尚丽，张富云. 服装市场营销 [M]. 北京：化学工业出版社，2011.

[5] 张乃仁. 外国服装艺术史 [M]. 北京：人民美术出版社，2003.

[6] 刘晓刚. 时装设计艺术史 [M]. 北京：中国纺织出版社，1997.

[7] 王晓威. 服装设计风格鉴赏 [M]. 上海：东华大学出版社，2010.

[8] 卞向阳. 国际服装名牌备忘录（卷1、2）[M]. 上海：东华大学出版社，2007.

[9] 吴晓菁. 服装流行趋势调查与预测 [M]. 北京：中国纺织出版社，2010.

[10] 李正. 服装学概论 [M]. 北京：中国纺织出版社，2007.

[11] 徐清泉. 中国服装艺术论 [M]. 太原：山西教育出版社，2001.

[12] 廖军，许星. 中国服装百年 [M]. 上海：上海文化出版社，2009.

中国国际贸易促进委员会纺织行业分会

　　中国国际贸易促进委员会纺织行业分会成立于 1988 年，成立以来，致力于促进中国和世界各国（地区）纺织服装业的贸易往来和经济技术合作，立足为纺织行业服务，为企业服务，以我们高质量的工作促进纺织行业的不断发展。

➢ 简况

◆ 每年举办（或参与）约 20 个国际展览会
涵盖纺织服装完整产业链，在中国北京、上海和美国、欧洲、俄罗斯、东南亚、日本等地举办
◆ 广泛的国际联络网
与全球近百家纺织服装界的协会和贸易商会保持联络
◆ 业内外会员单位 2000 多家
涵盖纺织服装全行业，以外向型企业为主
◆ 纺织贸促网 www. ccpittex. com
中英文，内容专业、全面，与几十家业内外网络链接
◆ 《纺织贸促》月刊
已创刊十六年，内容以经贸信息、协助企业开拓市场为主线
◆ 中国纺织法律服务网 www. cntextilelaw. com
专业、高质量的服务

➢ 业务项目概览

◆ 中国国际纺织机械展览会暨 ITMA 亚洲展览会（每两年一届）
◆ 中国国际纺织面料及辅料博览会（每年分春夏、秋冬两届，分别在北京、上海举办）
◆ 中国国际家用纺织品及辅料博览会（每年分春夏、秋冬两届，均在上海举办）
◆ 中国国际服装服饰博览会（每年举办一届）
◆ 中国国际产业用纺织品及非织造布展览会（每两年一届，逢双数年举办）
◆ 中国国际纺织纱线展览会（每年分春夏、秋冬两届，分别在北京、上海举办）
◆ 中国国际针织博览会（每年举办一届）
◆ 深圳国际纺织面料及辅料博览会（每年举办一届）
◆ 美国 TEXWORLD 服装面料展（TEXWORLD USA）暨中国纺织品服装贸易展览会（面料）（每年 7 月在美国纽约举办）
◆ 纽约国际服装采购展（APP）暨中国纺织品服装贸易展览会（服装）（每年 7 月在美国纽约举办）
◆ 纽约国际家纺展（HTFSE）暨中国纺织品服装贸易展览会（家纺）（每年 7 月在美国纽约举办）
◆ 中国纺织品服装贸易展览会（巴黎）（每年 9 月在巴黎举办）
◆ 组织中国服装企业到美国、日本、欧洲及亚洲等其他地区参加各种展览会
◆ 组织纺织服装行业的各种国际会议、研讨会
◆ 纺织服装业国际贸易和投资环境研究、信息咨询服务
◆ 纺织服装业法律服务

更多相关信息请点击纺织贸促网 www. ccpittex. com